高等学校新商科教材

系 统 工 程

主　编　徐文平
副主编　殷志平　艾学轶
主　审　邓旭东　王宗军

武汉理工大学出版社
·武汉·

内 容 提 要

系统工程作为管理类专业的一门重要课程,在培养学生的长远眼光和分析系统问题的能力方面具有重要的意义。全书共8章,第1章主要介绍系统工程概论;第2章详细介绍系统工程方法论;第3章介绍系统环境分析;第4章介绍系统模型化技术;第5章介绍系统结构建模与仿真;第6章介绍系统综合评价;第7章介绍决策分析方法;第8章通过几个具有代表性的实例,说明系统工程的应用。

本书可作为高等学校经济管理专业本科生、研究生的教学用书,也可以作为企事业单位人员学习系统工程理论方法的培训教材和自学参考书。

图书在版编目(CIP)数据

系统工程/徐文平主编. — 武汉:武汉理工大学出版社,2023.10
ISBN 978-7-5629-6819-1

Ⅰ.①系… Ⅱ.①徐… Ⅲ.①系统工程 Ⅳ.①N945

中国国家版本馆 CIP 数据核字(2023)第 117879 号

Xitong Gongcheng
系 统 工 程

项目负责人:王利永	责任编辑:王 思
责 任 校 对:余士龙	装帧设计:许伶俐

出 版 发 行:武汉理工大学出版社
社　　　址:武汉市洪山区珞狮路 122 号
邮　　　编:430070
网　　　址:http://www.wutp.com.cn
经　　　销:各地新华书店
印　　　刷:武汉乐生印刷有限公司
开　　　本:787 mm×1092 mm　1/16
印　　　张:9.5
字　　　数:225 千字
版　　　次:2023 年 10 月第 1 版
印　　　次:2023 年 10 月第 1 次印刷
定　　　价:30.00 元

前　　言

　　系统工程是 20 世纪中期开始兴起的一门交叉学科，属于综合性的工程技术，在国家经济建设和社会可持续发展方面发挥着越来越重要的作用。系统工程作为管理类专业的一门重要的课程，在培养学生的长远眼光和分析系统问题的能力方面具有重要的意义。

　　为了进一步深化系统科学及全局思维教育，推动管理类专业人才建设，编者在综合现有教材、文献资料和相关研究成果的基础上，结合多年来科学研究与教学实践的经验，立足于我国现代管理学发展和相关从业人员的实践需求，进行了本书的编写工作。本书的编者都是长期从事系统工程、运筹学等教学和科研的学者，对系统工程有着丰富的教学与研究经验。本书侧重应用性，重点突出系统工程的研究方法，对系统工程的核心内容进行深入浅出的介绍，通过实例反映系统工程的实践操作过程，通俗易懂，使学生轻松、全面地了解并学习系统工程。

　　本书由武汉科技大学管理学院徐文平担任主编，武汉科技大学殷志平和艾学轶担任副主编，武汉科技大学邓旭东教授和华中科技大学王宗军教授担任本书主审。

　　在本书的编写过程中，编者参考或引用了国内外的相关论文与著作等文献资料，参阅了许多刊物和网站的资料，唯恐遗漏，在此向有关专家和学者表示感谢。由于编者水平有限，书中难免有不妥和错漏之处，恳请广大读者和同行批评指正。

徐文平

2023 年 5 月

目 录

1 系统工程概论

1.1 系统工程的产生与发展

人们对于系统的认识,即关于系统的思想来源于社会实践。人们在长期的社会实践中逐渐形成了把事物的各个组成部分联系起来,从整体角度进行分析和综合的思想,即系统思想。随着科学技术的迅速发展和生产规模的不断扩大,人们迫切需要发展一种能有效地组织和管理复杂系统的规划、研究、设计、制造、试验和使用的技术,即系统工程。美国贝尔电话公司在建成美国微波中继通信网后,于 1951 年正式提出系统工程这个名词。

16 世纪,近代自然科学兴起。在当时的条件下,难以从整体上对复杂的事物进行周密的考察和精确的研究。因此,近代自然科学的研究方法是把整体的系统逐步地分解,研究每个较简单的组成部分,排除臆想的东西。这种方法后来被称为还原论和机械唯物论,它的进步作用曾得到 F. 恩格斯的肯定。到 19 世纪,科学的系统思想才逐渐形成。恩格斯在《路德维希·费尔巴哈和德国古典哲学的终结》一文中指出:“一个伟大的基本思想,即认为世界不是一成不变的事物的集合体,而是过程的集合体。其中各个似乎稳定的事物以及它们在我们头脑中的思想反映即概念,都处在生成和火亡的不断变化中。在这种变化中,前进的发展,不管一切表面的偶然性,也不管一切暂时的倒退,终究会给自己开辟出道路。”恩格斯的这段话标志着科学的现代系统思想的产生。

(1)国外系统工程的发展

国外系统工程的发展大体可分为以下几个时期:

①萌芽时期(1900—1956 年)

最开始是美国贝尔电话公司的 Eigi Molina 和丹麦哥本哈根电话公司的 Aiki Erlang 在研究自动交换机时运用了排队论的原理,并提出了埃尔朗公式,直到麻省理工学院的 Vibush 教授研制出机械式微分器和 J. P. Eckert 博士成功研制出电子数字计算机时才把系统工程作为分析工具。

其次是在第二次世界大战期间出现了运筹学,开始应用大规模系统。英国首先将系统工程应用于制订作战计划,如解决护航舰队的编制,防空雷达的配置,提高反潜艇的作战效果以及民防等问题,就广泛应用了数学规划、排队论、博弈论等方法。

再次是 1940 年美国组织了 25000 名科技人员、120000 名生产人员,在加州理工大学理论物理教授奥本海墨的领导下花了 3 年半时间,制造出世界上第一颗原子弹。1945 年美国空军建立了兰德(RAND)公司,创造了许多数学方法用来分析复杂系统,后来借助电子计算机取得了一些显著成果。1950 年麻省理工学院试验了系统工程学的教育,1954

年开设了"工程分析"课程,直到 1956 年美国个别杂志才出现了少数有关系统工程的文章,而系统工程在军事上早就得到了广泛应用。

②发展时期(1957—1964 年)

美国密歇根大学的 H. Goode 和 R. E. Machol 两位教授在 1957 年所著的 *System Engineering* 一书中将系统工程正式定名。1958 年美国在北极星导弹的研究中首先采用了计划评审技术(PERT),有效地进行了计划管理,从而将系统工程推向了新的领域。其后,1962 年 A. D. Hall 撰写的《系统工程方法论》一书,对系统工程概念、方法作了系统描述。

20 世纪 60 年代初,美国、英国、日本和加拿大等国家将系统工程用于地下矿和露天矿的开采。这一时期开始出现大量有关系统工程的杂志和书籍。

③初步成熟期(1965—1989 年)

20 世纪 60 年代以后,对于复杂庞大的系统,人们设想采用分析与积集两个过程形成的多级递阶控制结构。1965 年美国数学家 Zadeh 提出了"模糊集合"的概念。美国组织了 42 万人,耗资几百亿美元,用了 13 年时间使宇航飞艇登陆月球的"阿波罗"计划成功了。

20 世纪 70 年代以后,系统工程的应用渗透到社会系统、技术系统、经济系统的最优控制和最优管理。

20 世纪 80 年代以后,在工农业、交通运输、能源、战略等部门,对于大型工程项目要求做系统分析、可行性报告,方案才能够评审。

20 世纪 80 年代是系统工程"遍地开花"的时期。

④成熟时期(1990—2000 年)

20 世纪 90 年代,由于计算机的飞速发展,系统工程有了更大的发展,一些以前看来不好解决的复杂问题得到了圆满的解决。这个时期许多系统工程专业开始创建起来,系统工程学科的发展更倾向于解决复杂系统中的建模和优化问题,它与信息学科和控制论密不可分、互为补充,主要促进人们对自然界和人类社会错综复杂、相互交织的关系及其内在联系有一个新的认识,从而把人类带进一个新的时代,也就是人类开始用系统的方法去思考问题和解决问题。

21 世纪以来,现代科学技术活动的规模有了很大的扩展,工程技术装置的复杂程度不断提高,计算机的运算能力越来越强大,使得系统工程的研究与应用在世界范围内迅速发展起来,许多国家都有不少重大工程研究成果。

(2)我国系统工程的发展

我国系统思想的形成可追溯到古代。中国古代著作《易经》《尚书》中提出了蕴含系统思想的阴阳、五行、八卦等学说。中国古代经典医著《黄帝内经》,把人体看作是由各种器官有机地联系在一起的整体,主张从整体上研究人的病因。

在中国,最早的运筹学思想有战国时期的田忌赛马,是对策论的一个典型例子;北宋时期的丁渭造皇宫,是统筹规划的一个例子。

20 世纪 50 年代中期,钱学森、许国志等在国内全面介绍和推广运筹学知识。1954 年钱学森所著《工程控制论》一书英文版问世,1956 年中国科学院成立第一个运筹学研究室,1957 年运筹学运用到建筑和纺织业中,1958 年粮食部门提出了图上作业法,山东大学的管梅谷教授提出了"中国邮递员问题"的解法。

20 世纪 60 年代,在钱学森主导下,我国导弹等现代化武器总体设计获得了丰富经验,国防尖端科研的"总体设计部"成效显著。钱学森在系统工程方法论方面有深刻的研究,并提出了现代科学技术的体系结构以及系统科学结构。

1970 年,在华罗庚教授的直接指导下,我国在全国范围内推广统筹方法和优选法。1978 年 11 月,全国数学年会在成都召开,学者对运筹学的理论与应用研究进行了一次检阅。1980 年 4 月"中国数学会运筹学会"在山东济南正式成立。1984 年"中国数学会运筹学会第二届代表大会暨学术交流会"在上海召开,并将学会改名为"中国运筹学会"。1979 年 6 月中国自动化学会系统工程专业委员会成立。

1980 年中国系统工程学会成立。1986 年,钱学森发表《为什么创立和研究系统学》,把我国系统工程研究提高到基础理论水平上,从系统科学体系的高度进行研究。

1.2　系统工程的定义与特征

1.2.1　系统的定义和特点

系统是指由一系列相互影响、相互联系的若干组成部件,在规则的约束下构成的有机整体,这个整体具有其各个组成部件所没有的新的性质和功能,并可以和其他系统或者外部环境发生交互作用。系统在接受外部信息,并向系统外部输出信息或对外部环境发生作用的过程中所表现出来的效能或者特征,就是系统的功能。

系统的各组成部分之间、组成部分与整体之间,以及整体与环境之间,存在着一定的有机联系,从而在系统的内部和外部形成一定的结构和秩序。一般而言,系统具有以下几个特点:

(1)目的性。定义一个系统、组成一个系统或者抽象出一个系统,都有明确的目标或者目的,目标性决定了系统的功能。

(2)可嵌套性。系统可以包括若干个子系统,系统之间也能够耦合成一个更大的系统。换句话说,组成系统的部件也可以是系统。这个特点便于对系统进行分层、分部管理,研究或者建设。

(3)稳定性。系统的稳定性是指:受规则的约束,系统的内部结构和秩序应是可以预见的;系统的状态以及演化路径有限并能被预测;系统的功能发生作用导致的后果也是可以预估的。稳定性强的系统使得其在受到外部作用的同时,内部结构和秩序仍然能够保持。

(4)开放性。系统的开放性是指系统的可访问性。这个特性决定了系统可以被外部环境识别,外部环境或者其他系统可以按照预定的方法,使用系统的功能或者影响系统的行为。系统的开放性体现在系统有可以清晰描述并被准确识别、理解的所谓接口层面上。

(5)脆弱性。这个特性与系统的稳定性相对应,即系统可能存在着丧失结构、功能、秩序的特性,这个特性往往是隐藏而不易被外界感知的。脆弱性差的系统,一旦被侵入,整体性会被破坏。

(6)健壮性。当系统面临干扰、输入错误、入侵等因素时,系统可能会出现非预期的状态而丧失原有功能、出现错误甚至表现出破坏功能。系统具有的能够抵御出现非预期状态的特性称为健壮性,也叫作鲁棒性(robustness)。

1.2.2 系统工程的定义

系统工程在系统科学结构体系中,属于工程技术类,它是一门新兴的学科,国内外众多学者对系统工程的含义有过不少阐述,但至今仍无统一的定义。1978 年我国著名学者钱学森指出:"系统工程是组织管理系统的规划、研究、设计、制造、试验和使用的科学方法,是一种对所有系统都具有普遍意义的方法"。1977 年日本学者三浦武雄指出:"系统工程与其他工程学不同之点在于它是跨越许多学科的科学,而且是填补这些学科边界空白的一种边缘学科。因为系统工程的目的是研制一个系统,而系统不仅涉及工程学的领域,还涉及社会、经济和政治等领域,所以为了适当地解决这些领域的问题,除了需要某些纵向技术以外,还要有一种技术从横向把它们组织起来,这种横向技术就是系统工程"。1975 年美国科学技术辞典中有关系统工程的论述为:"系统工程是研究复杂系统设计的科学,该系统由许多密切联系的元素所组成。设计该复杂系统时,应有明确的预定功能及目标,并协调各个元素之间及元素和整体之间的有机联系,以使系统能从总体上达到最优目标。在设计系统时,要同时考虑到参与系统活动的人的因素及其作用"。从以上各种论点可以看出,系统工程是以大型复杂系统为研究对象,按一定目的进行设计、开发、管理与控制,以期达到总体效果最优的理论与方法。

1.2.3 系统工程的特点

系统工程是一门工程技术,用以改造客观世界并取得实际成果,这是系统工程与一般工程技术的相同之处。但是,系统工程又是一类包括了许多类工程技术的一大工程技术门类,与一般工程相比,系统工程有以下三个特点:

(1)研究的对象广泛,包括人类社会、生态环境、自然现象和组织管理等。

(2)系统工程是一门跨学科的边缘学科。不仅要用到数学、物理、化学、生物等自然学科,还要用到社会学、心理学、经济学、医学等与人的思想、行为、能力等有关的社会学科,是自然科学和社会科学的交叉。因此,系统工程形成了一套处理复杂问题的理论、方法和手段,使人们在处理问题时,有系统的整体的观点。

(3)在处理复杂的大系统时,常采用定性分析和定量计算相结合的方法。因为系统工程所研究的对象往往涉及人,这就要涉及人的价值观、行为学、心理学、主观判断和理性推理。因而系统工程所研究的大系统比一般工程系统复杂得多,处理系统工程问题不仅要有科学性,而且要有艺术性和哲理性。

1.3 系统工程的学科基础

1.3.1 一般系统论

系统的存在是客观事实,但人类对系统的认识却经历了漫长的岁月,对简单系统研究得较多,而对复杂系统研究较少,直到 20 世纪 30 年代后才逐渐形成一般系统论。

一般系统论的创始人是美国理论生物学家 L. V. 贝塔朗菲,他主张用机体论取代机械论,他把一般系统论的研究内容概括为关于系统的科学、数学系统论、系统技术、系统哲学等。

美国科学哲学家 E. 拉兹洛评论贝塔朗菲的一般系统论时将其归纳为四点:整体观点;科学知识的整体化;自然界的统一性;重视人的因素。

1968 年贝塔朗菲在《一般系统论的基础、发展和应用》一书中,把系统作为研究对象,系统、全面地阐述了动态的开放系统的理论。

一般系统论的基本观点包括:

(1)系统的整体性;

(2)开放性及目的性;

(3)动态相关性(动态性取决于相关性);

(4)等级层次性;

(5)有序性(结构或空间;发展或时间)。

1.3.2 信息论

美国数学家香农(C. E. Shannon)被称为“信息论之父”。人们通常将香农于 1948 年 10 月发表于《贝尔系统技术学报》上的论文《通信的数学理论》(*A Mathematical Theory of Communication*)作为现代信息论研究的开端。这一文章部分基于哈里·奈奎斯特和拉尔夫·哈特利先前的成果,在该文中,香农给出了信息熵(以下简称为“熵”)的定义:

$$H(X) = E_X[I(x)] = -\sum p(x)\log p(x)$$

式中　x——有限个事件的集合,$x = \{x_1, x_2, \cdots, x_n\}$;

　　　X——定义在 x 上的随机变量;

　　　$I(x)$——自信息量;

　　　E_X——期望值;

　　　$p(x)$——事件发生的概率。

这一定义可以用来推算传递经二进制编码后的原信息所需的信道带宽。熵度量的是消息中所含的信息量,其中去除了由消息的固有结构所决定的部分,比如,语言结构的冗余性以及语言中字母、词的使用频度等统计特性。

信息论是运用概率论与数理统计的方法研究信息、信息熵、通信系统、数据传输、密码学、数据压缩等问题的应用数学学科。

信息论将信息的传递作为一种统计现象来考虑,给出了估算通信信道容量的方法。信息传输和信息压缩是信息论研究中的两大领域。

1.3.3 经济控制论

"经济控制论"这一名词是在 1952 年巴黎召开的世界控制论大会上首先提出的。1954 年美国数学家 R. S. 菲利普斯开始用二阶常微分方程描述宏观经济系统,并讨论了系统的开环控制和闭环控制问题,采用 PID(比例-积分-微分)控制原理来改善经济政策的稳定性。20 世纪 50 年代中期,美国 H. A. 西蒙等人研究了宏观经济的最优控制问题。20 世纪 50 年代末,波兰科学院应用控制理论的方法建立了中央国民经济计划系统模型。从 1960 年起,许多有关经济控制论的著作陆续出版,如美国 J. W. 福雷斯特的《工业动力学》《城市动力学》《系统动力学》,波兰学者 O. 隆盖的《经济控制论导论》,罗马尼亚经济学家、前总理 M. 曼内斯库的《经济控制论》等,建立了许多经济控制论模型,并相继出现了许多经济控制论的研究机构。

从 20 世纪 70 年代末到 20 世纪 80 年代初,中国将经济控制论应用于制定区域的经济、能源、农业等规划。1985 年,从国民经济实际统计数据出发,应用控制理论和系统工程方法,建立了国家宏观经济最优控制模型。这个模型是以 1985—2000 年的历年国民收入总和作为目标函数,以部门的基建投资和更新改造投资作为控制变量,进行了总体优化。该模型包含 3582 个方程,其中 1520 个方程组成一个 76 维的状态方程,39 维联立方程组成系统的输出方程,有 760 个控制变量、1660 个约束方程,在大型计算机上进行总体优化设计。该模型预测了 1985—2000 年逐年国民经济增长速度和水平,分析了国民经济各部门的结构和重大比例关系的变化趋势、基本建设规模和投资方向、人民生活水平的提高和消费结构的变化等,为制定中、长期规划和政策分析提供了科学依据,建立了有关国民收入、经济管理政策、私人商业投资、商品生产、纳税和消费者开支等方面的经济反馈模型。借助这个反馈模型,经济系统的决策和分析人员就可以了解管理政策和私人商业投资对国民收入的全部影响。2005 年,商品流通系统的数学理论,是采用偏微分方程和半群理论建立模型。

1.3.4 运筹学

运筹学本身也在不断发展,现在已经是一个包括好几个分支的数学学科了。比如:数学规划(又包含线性规划、非线性规划、整数规划、组合规划等)、图论、网络流、决策分析、排队论、可靠性数学理论、库存论、对策论、搜索论、模拟等。

运筹学有广阔的应用领域,它已渗透到诸如服务、库存、搜索、人口、对抗、控制、时间表、资源分配、厂址定位、能源、设计、生产、可靠性等各个方面。

运筹学是软科学中"硬度"较大的一门学科,兼有逻辑的数学和数学的逻辑的性质,是系统工程学和现代管理科学中的一种基础理论和不可缺少的方法、手段和工具。运筹学已被应用到各种管理工程中,在现代化建设中发挥着重要作用。

1.3.5　耗散结构理论

比利时著名学者普利高津(I. Prigogine)于 1969 年提出，一个远离平衡态的开放系统会不断地与外界环境交换物质和能量，在外界条件的变化达到一定的阈值时，由于非线性的复杂因素而出现涨落(系统的非稳定状态)，系统会突然出现以新的方式组织起来的现象，产生新的质变，从原来混沌无序的混乱状态转变为在时空上或功能上的有序状态。普利高津把这种关于在远离平衡态情况下所形成的新的、稳定的、有序结构的理论命名为"耗散结构理论"。

耗散结构形成的条件有两个：一是系统必须是远离平衡态的开放系统；二是系统的不同元素间存在非线性的机制。

1.3.6　协同论

德国的理论物理学家赫尔曼·哈肯(Hermann Haken)于 20 世纪 60 年代研究激光理论，在 1976 年提出"协同"概念。一个由大量子系统构成的系统，在一定条件下，它的子系统之间通过非线性的相互作用产生协同现象和相干效应，这个系统在宏观上就能产生时间结构、空间结构或时空结构，形成一定功能的自组织结构，表现出新的有序状态。

1.3.7　混沌系统理论

混沌一词原指宇宙未形成之前的混乱状态，我国及古希腊哲学家对于宇宙之源起持混沌论，主张宇宙是由混沌之初逐渐形成现今有条不紊的世界。混沌是一种确定性系统内在的随机性，在井然有序的宇宙中，西方自然科学家经过长期的探讨，逐一发现众多自然界中的规律，如大家耳熟能详的地心引力、杠杆原理、相对论等。这些自然规律都能用单一的数学公式加以描述，并可以依据此公式准确预测物体的行径。混沌理论是系统从有序状态突然变为无序状态的一种演化理论，是对确定性系统中出现的内在"随机过程"形成的途径、机制的研讨。该理论是一种兼具质性思考与量化分析的方法，用以探讨动态系统中(如：人口移动、化学反应、气象变化、社会行为等)无法用单一的数据关系，而必须用整体、连续的数据关系才能加以解释及预测的行为。

总而言之，系统工程是一门总揽全局、着眼整体的方法性学科，它要求综合运用已有学科的思想和方法处理系统内部各部分的配合与协调，并借助数学方法与计算机工具来规划、设计、组建、运行整体系统，使系统的技术、经济、社会等效益达到最优。

思　考　题

(1)如何理解系统工程的内容及特点？

(2)总结说明系统科学体系及系统工程的理论基础。

(3)总结近年来系统工程领域的新发展及其特点。

2 系统工程方法论

方法和方法论在认识上是两个不同的范畴。方法是用于完成一个既定任务的具体技术和操作;方法论是进行研究和探索的一般途径,是对方法如何使用的指导。系统工程方法论是用于解决复杂问题的一般程序、逻辑步骤和通用方法。

系统工程方法论的特点有:研究方法强调整体性;技术应用强调综合性;管理决策强调科学性。

2.1 霍尔三维结构

霍尔三维结构又称霍尔的系统工程,后人将其与软系统方法论对比,又称其为硬系统方法论(Hard System Methodology,简称 HSM)。霍尔三维结构是美国系统工程专家霍尔(A. D. Hall)等人在大量工程实践的基础上,于 1969 年提出的一种系统工程方法论,其内容反映在可以直观展示系统工程各项工作内容的三维结构图中。霍尔三维结构集中体现了系统工程方法的系统化、综合化、最优化、程序化和标准化等特点,是系统工程方法论的重要基础内容。

霍尔三维结构模式的出现,为解决大型复杂系统的规划、组织、管理问题提供了一种统一的思想方法,因而在世界各国得到了广泛应用。霍尔三维结构是将系统工程整个活动过程分为前后紧密衔接的七个阶段和七个步骤,同时还考虑了为完成这些阶段和步骤所需要的各种专业知识和技能。这样,就形成了由时间维、逻辑维和知识维所组成的三维空间结构(图 2-1)。其中,时间维表示系统工程活动从开始到结束按时间顺序排列的全过程,分为规划、计划、系统开发、制造、安装、运行、更新七个时间阶段。逻辑维是指时间维的每一个阶段内所要进行的工作内容和应该遵循的思维程序,包括明确问题、评价目标体系设计、系统综合、系统分析、最优化、决策、实

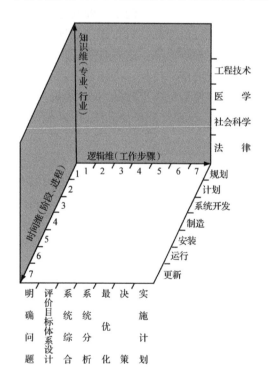

图 2-1 霍尔三维结构

施计划七个逻辑步骤。知识维列举需要运用包括法律、社会科学、医学、工程技术等各种知识和技能。三维结构体系形象地描述了系统工程研究的框架,对其中任一阶段和每一个步骤又可进一步展开,形成分层次的树状体系。

2.1.1　时间维

时间维表示系统工程的工作阶段或进程。对于一个具体的工作项目,从制定规划起一直到更新为止,全部过程可分为以下七个阶段:

(1)规划阶段,即调研、程序设计阶段,目的在于谋求活动的规划与战略。

(2)计划阶段,提出具体的计划方案。

(3)系统开发阶段,作出研制方案及生产计划。

(4)制造阶段,生产出系统的零部件及整个系统,并提出安装计划。

(5)安装阶段,将系统安装完毕,并完成系统的运行计划。

(6)运行阶段,系统按照预期的用途开展服务。

(7)更新阶段,即为了提高系统功能,取消旧系统而代之以新系统,或改进原有系统,使之更加有效地工作。

其中,前三个阶段构成系统的开发阶段。

2.1.2　逻辑维

逻辑维是指系统工程每阶段工作应遵循的逻辑顺序和工作步骤,运用系统工程方法解决某一大型工程项目时,一般可分为以下七个步骤:

2.1.2.1　明确问题

由于系统工程研究的对象复杂,包含自然界和社会经济各个方面,而且研究对象本身的问题有时尚不清楚,如果是半结构性或非结构性问题,也难以用结构模型定量表示。因此,系统开发的最初阶段首先要明确问题的性质,特别是在问题的形成和规划阶段,搞清楚要研究的是什么性质的问题,以便正确地设定问题,否则以后的许多工作将会劳而无功,造成很大浪费。国内外学者在问题的设定方面提出了许多行之有效的方法,主要有:

(1)直观的经验方法

比较知名的有头脑风暴法(Brain Storming),又称智暴法、5W1H法、KJ法等,日本学者将这类方法叫作创造工程法。这一方法的特点是总结人们的经验,集思广益,通过分散讨论和集中归纳,整理出系统所要解决的问题。

(2)预测法

系统要分析的问题常常与技术发展趋势和外部环境的变化有关,其中有许多未知因素,这些因素可用打分的办法或主观概率法来处理。预测法主要有德尔菲法、情景分析法、交叉影响法、时间序列法等。

(3)结构模型法

复杂问题可用分解的方法,形成若干相关联的相对简单的子问题,然后用网络图方法将问题直观地表示出来。常用的方法有解释结构模型法(ISM法)、决策实验室法

（DEMATEL法）、图论法等。其中，用图论法中的关联树来分析目标体系和结构，可以很好地比较各种替代方案，在问题形成、方案选择和评价中是很有用的。

（4）多变量统计分析法

采用统计理论方法得到的多变量模型一般是非物理模型，对象也常是非结构的或半结构的。多变量统计分析法中比较常用的有因子分析法、主成分分析法等。此外，还可利用行为科学、社会学、一般系统理论和模糊理论来分析，或将几种方法结合起来分析，使问题明确化。

2.1.2.2　评价目标体系设计

评价体系要回答以下问题：评价指标如何定量化，评价中的主观成分和客观成分如何分离，如何进行综合评价，如何确定价值观问题等。行之有效的价值体系评价方法有以下几种：

（1）效用理论

该理论是从公理出发建立的价值理论体系，反映了人的偏好，建立了效用理论和效用函数，并发展为多属性和多隶属度效用函数。

（2）费用/效益分析法

多用于经济系统评价，如投资效果评价、项目可行性研究等。

（3）风险估计

在系统评价中，风险和安全性评价是一项重要内容，决策人对风险的态度也反映在效用函数上。在多个目标之间有冲突时，人们也常根据风险估计来进行折中评价。

（4）价值工程

价值是人们对事物优劣的观念准则和评价准则的总和。例如，要解决的问题是否值得去做，解决问题的过程是否适当，结果是否令人满意等。以生产为例，产品的价值主要体现在产品的功能和质量上，降低投入成本和增加产出是两项相关的准则。价值工程是一个总体概念，具体体现在设计、制造和销售各个环节的合理性上。

2.1.2.3　系统综合

系统综合是在给定条件下，找出达到预期目标的手段或系统结构。一般来讲，按给定目标设计和规划的系统，在具体实施时，总与原来的设想有些差异，需要通过对问题本质的深入理解构想出具体解决问题的替代方案，或通过典型实例的研究构想出系统结构和简单易行的能实现目标要求的实施方案。系统综合的过程常常需要有人的参与，计算机辅助设计（CAD）和系统仿真可用于系统综合，通过人机的交互作用，引入人的经验知识，使系统具有推理和联想的功能。近年来，知识工程和模糊理论已成为系统综合的有力工具。

2.1.2.4　系统分析

不论是工程技术问题还是社会环境问题，系统分析首先要对所研究的对象进行描述，建模方法和仿真技术是常采用的方法，对难以用数学模型表达的社会系统和生物系统等，也常用定性和定量相结合的方法来描述。系统分析的主要内容涉及以下几方面：

（1）系统变量的选择

用于描述系统主事状态及其演变过程的是一组状态变量和决策变量，因此，系统分析首先要选择出能反映问题本质的变量,并区分内生变量和外生变量。用灵敏度分析法可判断各个变量对系统命题的影响程度,并对变量进行筛选。

(2)建模和仿真

在状态变量选定后,要根据客观事物的具体特点确定变量间的相互依存和制约关系,即构造状态平衡方程式,得出描述系统特征的数学模型。在系统内部结构不清楚的情况下,可用输入输出的统计数据得出关系式,构造出系统模型。系统对象抽象成模型后,就可进行仿真,找出更普遍、更集中和更深刻反映系统本质的特征和演变趋势。现已有若干实用的大系统仿真软件,如用于随机服务系统的 GPSS 软件,用于复杂社会经济系统仿真的系统动力学(SD)软件等。

(3)可靠性工程

系统可靠性工程是研究系统中元素的可靠性和由多个元素组成的系统整体可靠性之间的关系。一般来讲,可靠的元件是组成可靠系统的基础,然而,局部的可靠性和整体可靠性之间并非简单的对应关系,系统工程强调从整体上来看问题。在 20 世纪 40 年代,冯·诺依曼(Von Neumann)开始研究用重复的、不那么可靠的元件组成高度可靠系统的问题,并进行了可靠性理论探讨。钱学森也提出,现在大规模集成电路的发展使元器件的成本大大降低,如何用可靠性较低的元器件组成可靠性高的系统,是个很有现实意义的问题。近年来,已采用的可靠性和安全性评价方法有 FTA 或 ETA 等树状图形方法。

2.1.2.5 最优化

在系统的数学模型和目标函数已经建立的情况下,可用最优化方法选择使目标值最优的控制变量值或系统参数。所谓优化,就是在约束条件规定的可行域内,从多种可行方案或替代方案中得出最优解或满意解。实践中要根据问题的特点选用适当的最优化方法。目前应用最广的仍是线性规划和动态规划,非线性规划的研究很多,但实用性尚有待改进,大系统优化已开发了分解协调的算法。组合优化适用于离散变量,整数规划中的分支定界法、逐次逼近法等的应用也很广泛。多目标优化问题的最优解处于目标空间的非劣解集上,可采用人机交互的方法处理所得的解,最终得到满意解。当然,多目标问题也可用加权的方法转换成单目标来求解,或按目标的重要性排序,逐次求解,例如目标规划法。

2.1.2.6 决策

"决策就是管理""决策就是决定"。人类的决策管理活动面临着被决策系统日益庞大和复杂的挑战。

决策又有个人决策和团体决策、定性决策和定量决策、单目标决策和多目标决策之分。战略决策是更高层次上的决策。在系统分析和系统综合的基础上,人们可根据主观偏好、主观效用和主观概率做决策。决策的本质反映了人的主观认识能力,因此,就必然受到人的主观认识能力的限制。近年来,决策支持系统受到人们的重视,系统分析者将各种数据、条件、模型和算法放在决策支持系统中,该系统甚至包含了有推理演绎功能的知识库,以便决策者在做出主观决策后,能从决策支持系统中尽快得到效果反应,以求主观判断和客观效果一致。决策支持系统在一定条件下起到决策科学化和合理化的作用。

但是,在真实的决策中,被决策对象往往包含许多不确定因素和难以描述的现象,例如,社会环境和人的行为不可能都抽象成数学模型,即使使用了专家系统,也不可能将逻辑推演、综合和论证的过程做到像人的大脑那样有创造性的思维,也无法判断许多随机因素。群决策有利于克服某些个人决策中主观判断的失误,但群决策过程比较长。为了实现高效率的群决策,在理论方法和应用软件开发方面,许多人做了大量工作。如多人多目标决策理论、主从决策理论、协商谈判系统、冲突分析等,有些应用软件已实用化。

2.1.2.7 实施计划

有了决策就要付诸实施,实施就要依靠严格的、有效的计划。以工厂为例,为实现工厂的生产任务和发展战略目标,就要制订当年的生产计划和未来的发展规划,厂内还要按厂级、车间级和班组级分别制订实施计划。在系统工程中常用的计划评审技术(PERT)和关键路线法(CPM)在制订和实施计划方面起到了重要的作用。

2.1.3 知识维

系统工程除了要求具备为完成上述各步骤、各阶段所需的某些共性知识外,还需要其他学科的知识和各种专业技术,霍尔把这些知识分为法律、社会科学、医学和工程技术等。各类系统工程,如军事系统工程、经济系统工程、信息系统工程等,都需要使用其他相应的专业基础知识。

霍尔三维结构强调明确目标,核心内容是最优化,并认为现实问题基本上都可归纳成工程系统问题,应用定量分析手段,求得最优解答。该方法论具有研究方法上的整体性(三维)、技术应用上的综合性(知识维)、组织管理上的科学性(时间维与逻辑维)和系统工程工作上的问题导向性(逻辑维)等突出特点。

2.2 切克兰德软系统方法论

软系统方法论(Soft System Methodology,SSM)是由英国学者切克兰德在 20 世纪 80 年代创立的,是在霍尔的系统工程的基础上提出的。

切克兰德认为,完全按照解决工程问题的思路来解决社会问题或"软科学"问题,会碰到许多困难,尤其在设计价值系统、模型化和最优化等步骤上,有许多因素很难进行定量分析。比如在人的活动系统中存在的问题大多是边界模糊、难以定义、结构不良的软问题,这些问题更适合用软系统方法论来处理。

相对于优化解决方案的 HSM 而言,切克兰德的 SSM 思想是全新的,其基本思想是通过试误法,反复对系统理论构思与现实世界的问题情境进行比较,以不断改善系统。软系统方法论使用四种智力活动(感知、判断、比较、决策),构成了各个阶段联系在一起的学习系统。切克兰德提出的软系统方法论的主要内容包括:

(1)认识问题

收集与问题有关的信息,表达问题现状,寻找构成或影响因素及其关系,以便明确系统问题结构、现存过程及其相互之间的不适应之处,确定有关的行为主体和利益主体。

(2)根底定义

初步弄清、改善与现状有关的各种因素及其相互关系。根底定义的目的是弄清系统问题的关键要素以及关联因素,为系统的发展及其研究确立各种基本的看法,并尽可能选择出最合适的基本观点。

(3)建立概念模型

在不能建立精确数学模型的情况下,用结构模型或语言模型来描述系统的现状。概念模型来自根底定义,是通过系统化语言对问题抽象描述的结果,其结构及要素必须符合根底定义的思想,并能实现其要求。

(4)比较及探寻

将现实问题和概念模型进行对比,找出符合决策者意图且可行的方案或途径。有时通过比较,需要对根底定义的结果进行适当修正。

(5)选择

针对比较的结果,考虑有关人员的态度及其他社会行为等因素,选出现实可行的改善方案。

(6)设计与实施

通过详尽和有针对性的设计,形成具有可操作性的方案并加以实施,使得有关人员乐于接受和愿意为方案的实现竭尽全力。

(7)评估与反馈

根据在实施过程中获得的新的认识,修正问题描述、根底定义及概念模型等。

切克兰德软系统方法论的核心是"比较"与"探寻",它强调从"理想"模式(概念模型)与现实状况的比较中,探寻改善现状的途径,使决策者满意。通过认识与概念化、比较与学习、实施与再认识等过程,对社会经济等问题进行分析研究。这是一般软系统工程方法论的共同特征。

霍尔三维结构和切克兰德软系统方法论均为系统工程方法论,均以问题为起点,具有相应的逻辑过程。在此基础上,两种方法论主要存在以下不同点:

(1)霍尔方法论主要以工程系统为研究对象,而切克兰德软系统方法论更适用于对社会经济和经营管理等"软"系统问题的研究。

(2)前者的核心内容是优化分析,而后者的核心内容是比较学习。

(3)前者更多关注定量分析方法,而后者比较强调定性或定性与定量有机结合的基本方法。

2.3 头脑风暴法

头脑风暴最早是精神病理学上的用语,是针对精神病患者的精神错乱状态而言的。而现在则成为无限制的自由联想和讨论的代名词,其目的在于产生新观念或激发创新设想。

头脑风暴法是由美国创造学家 A. F. 奥斯本于 1939 年首次提出、1953 年正式发表的一种激发性思维的方法。该方法是指价值工程工作小组人员在正常融洽和不受任何限制的气氛中以会议形式进行讨论、座谈,打破常规,积极思考,畅所欲言,充分发表看法。此法经各国创造学研究者的实践和发展,至今已经形成一个发明技法群,如奥斯本智力激励法、默写式智力激励法、卡片式智力激励法等。

在群体决策中,由于群体成员心理相互作用和影响,易屈于权威或大多数人的意见,形成所谓的"群体思维"。群体思维削弱了群体的批判精神和创造力,损害了决策的质量。为了保证群体决策的创造性,提高决策质量,管理上发展了一系列改善群体决策的方法,头脑风暴法是较为典型的一个。

头脑风暴法又可分为直接头脑风暴法(通常简称为头脑风暴法)和质疑头脑风暴法(也称反头脑风暴法)。前者是专家群体决策,尽可能激发创造性,产生尽可能多的设想的方法;后者则是对前者提出的设想、方案逐一提出质疑,分析其现实可行性的方法。

采用头脑风暴法组织群体决策时,要集中有关专家召开专题会议,主持者以明确的方式向所有参与者阐明问题,说明会议的规则,尽力创造出融洽轻松的会议气氛。一般不发表意见,以免影响会议的自由气氛,由专家们"自由"地提出尽可能多的方案。

头脑风暴法应遵守如下原则:

(1)庭外判决原则

对各种意见、方案的评判必须放到最后阶段,此前不能对别人的意见提出批评和评价。认真对待任何一种设想,而不管其是否适当和可行。

(2)欢迎各抒己见

创造一种自由的气氛,激发参加者提出各种想法。

(3)追求数量

意见越多,产生好意见的可能性越大。

(4)探索取长补短和改进办法

除提出自己的意见外,鼓励参加者对他人已经提出的设想进行补充、改进和综合。

为提供一个良好的创造性思维环境,应该确定专家会议的最佳人数和会议进行的时间。经验证明,专家小组规模以 10～15 人为宜,会议时间一般以 20～60 分钟效果最佳。

专家的人选应严格限制,便于参加者把注意力集中于所涉及的问题上,具体应按照下述三个原则选取:

(1)如果参加者相互认识,要从同一职位(职称或级别)的人员中选取。领导人员不应参加,否则可能对参加者造成某种压力。

(2)如果参加者互不认识,可从不同职位(职称或级别)的人员中选取。这时不应宣布参加人员的职称,不论成员的职称或级别的高低,都应同等对待。

(3)参加者的专业应力求与所论及的决策问题相一致,这并不是专家组成员的必要条件。但是,专家中最好包括一些学识渊博、对所论及问题有较深理解的其他领域的人。

实践经验表明,头脑风暴法可以排除折中方案,对所讨论问题通过客观、连续的分析,找到一组切实可行的方案,因而头脑风暴法在军事决策和民用决策中有了较广泛的应用。例如在美国国防部制定长远科技规划时,曾邀请 50 名专家采取头脑风暴法开了两周会议。参加者的任务是对事先提出的长远规划提出异议,通过讨论得到一个使原规划文件变为协调一致的报告,在原规划文件中,只有 25%～30% 的意见得到保留。由此可以看到头脑风暴法的价值。当然,头脑风暴法实施的成本(时间、费用等)是很高的,另外,头脑风暴法要求参与者有较好的素质。这些因素是否满足会影响头脑风暴法实施的效果。

2.4 德尔菲法

德尔菲法(Delphi Method),也称专家调查法,20 世纪 40 年代由赫尔默(Helmer)和戈登(Gordon)首创。1946 年,美国兰德公司为避免集体讨论存在的屈从于权威或盲目服从多数的缺陷,首次用这种方法进行定性预测,后来该方法被广泛采用。20 世纪中期,美国政府执意发动朝鲜战争,兰德公司提交了一份预测报告,预告这场战争必败。但美国政府完全没有采纳兰德公司的建议,结果一败涂地。从此以后,德尔菲法得到广泛认可。

德尔菲法是由企业组成一个专门的预测机构,其中包括若干专家和企业预测组织者,按照规定的程序,背靠背地征询专家对未来市场的意见或者判断,然后进行预测的方法。

德尔菲法本质上是一种反馈匿名函询法。其大致流程是:在对所要预测的问题征得专家的意见之后,进行整理、归纳、统计,再匿名反馈给各专家,再次征求意见,再集中,再反馈,直至得到一致的意见。其过程可简单表示如下:

匿名征求专家意见—归纳、统计—匿名反馈—归纳、统计……若干轮后停止。

由此可见,德尔菲法是一种利用函询形式进行的集体匿名思想交流过程。它有三个明显区别于其他专家预测方法的特点,即:

(1)匿名性

因为采用这种方法时所有专家组成员不直接见面,只是通过函件交流,这样就可以消除权威的影响。匿名是德尔菲法极其重要的特点,从事预测的专家彼此互不知道有哪些人参加预测,他们是在完全匿名的情况下交流思想的。后来改进的德尔菲法允许专家开会时进行专题讨论。

(2)反馈性

该方法需要经过 3~4 轮的信息反馈,在每次反馈中使调查组和专家组都可以进行深入研究,使得最终结果基本能够反映专家的基本想法和对信息的认识,所以结果较为客观、可信。小组成员的交流是通过回答组织者的问题来实现的,一般要经过若干轮反馈才能完成预测。

(3)统计性

最典型的小组预测结果是反映多数人的观点,少数派的观点至多概括性地提及一下,但是这并没有表示出小组的不同意见的状况。而统计回答却不是这样,它报告 1 个中位数和 2 个四分点,其中一半落在 2 个四分点之内,一半落在 2 个四分点之外。这样,每种观点都包括在这样的统计中,避免了专家会议法只反映多数人观点的缺点。

德尔菲法最初产生于科技领域,后来逐渐被应用于其他领域的预测,如军事预测、人口预测、医疗保健预测、经营和需求预测、教育预测等。此外,德尔菲法还用来进行评价、决策、管理沟通和规划工作。

思 考 题

(1)什么是霍尔三维结构？特点如何？

(2)霍尔三维结构与切克兰德软系统方法论有何区别与联系？

(3)简述切克兰德软系统方法论的局限。

(4)简述头脑风暴法与德尔菲法的区别。

3 系统环境分析

3.1 系统环境分析概述

3.1.1 系统分析

3.1.1.1 系统分析的定义和内容

系统分析一词最早是作为第二次世界大战后由美国兰德公司开发的研究大型工程项目等大规模复杂系统问题的一种方法论而出现的。

系统分析有广义和狭义之分。从广义上理解,有时把系统分析作为系统工程的同义语使用;从狭义上说,系统分析的重要基础是霍尔三维结构中逻辑维的基本内容。无论是广义还是狭义的解释,都可以看出系统分析的重要性。系统分析是系统工程的重要标志。

美国学者奎德(E. S. Quade)对系统分析作出这样的说明:所谓系统分析,就是通过一系列的步骤,帮助解决决策者选择决策方案的一种系统方法。这些步骤主要为:研究决策者提出的整个问题,确定目标,建立方案,并且根据各个方案的可能结果,使用适当的方法(尽可能用解析的方法)去比较各个方案,以便能够依靠专家的判断能力和经验去处理问题。很显然,这是广义的系统分析。

在霍尔的系统工程方法论中,系统分析是系统工程逻辑维的一个步骤。在它之前的逻辑步骤是系统综合——提出若干可能的、粗略的备选方案,系统分析就是针对这些方案进行分析、演绎,建立数学模型进行计算,优化选择系统参数。在系统分析之后的逻辑步骤是系统评价,它实际是又一次的系统综合,即把系统分析的结果进行综合,然后评价各个备选方案的优劣。还可以将系统分析理解为对所研究的问题进行全面的、系统性的分析,包括分析系统本身——它的结构、性能、优点(优势)、缺点(弱点、劣势)、潜力和隐患等,还包括分析系统的环境、背景、历史等。

在进行系统分析时,系统分析人员对于问题有关的要素进行探索和展开,对系统的目的与功能、费用与效果等进行充分的调查研究,并分析处理有关的资料和数据,据此对若干备选的系统方案建立必要的模型,进行优化计算或仿真实验,把计算、实验、分析的结果同预定的任务或目标进行比较和评价,最后把少数较好的可行方案整理成完整的综合资料,作为决策者选择最优或满意的系统方案的主要依据。

3.1.1.2 系统分析的要素

系统分析有以下六个基本要素:

(1)问题

在系统分析中,问题一方面代表研究的对象或者对象系统,需要系统分析人员和决策者共同探讨与问题有关的要素及其关联状况,恰当地定义问题;另一方面,问题表示现实状况(显示系统)与希望状况(目标系统)的偏差,这为系统改进方案的探寻提供了线索。

(2)目的及目标

目的是对系统的总要求,目标是系统目的的具体化。目的具有整体性和唯一性,目标具有从属性和多样性。目标分析是系统分析的基本工作之一,其任务是确定和分析系统的目的及其目标,分析和确定为达到系统目标所必须具备的系统功能和技术条件。目标分析可采用目标书等结构分析的方法,并要注意对冲突目标的协调和处理。

(3)方案

方案即达到目的及目标的各种途径和办法。为了达到预定的系统目的,可以制订若干备选方案。例如,改造一条生产线可以有重新设计、从国外引进和在原有设备上改造三种方案。通过对备选方案的分析和比较,才能从中选择出最优系统方案。这是系统分析中必不可少的一环。

(4)模型

模型是对系统本质的描述,是由系统的主要因素及其相互关系构成的。模型是研究和解决问题的基本框架,可以起到帮助认识系统、模拟系统和优化与改造系统的作用,是对实际系统问题的描述、模仿和抽象。在系统分析中常常通过建立相应的结构模型、数学模型或仿真模型等来规范分析各种备选方案。

(5)评价

评价即评定不同方案对系统目的的完成程度,它是在考虑实现方案的综合投入(费用)和方案实现后的综合产出(效果)后,按照一定的评价标准,确定各种待选方案优先顺序的过程。进行系统评价时,不仅要考虑投资、收益这样的经济指标,还必须综合评价系统的功能、费用、时间、可靠性、环境、社会等方面的因素。

(6)决策者

决策者作为系统问题中的利益主体和行为主体,在系统分析中自始至终都具有重要作用,是一个不容忽视的重要因素。实践证明,决策者与系统分析人员的有机配合是保证系统分析工作成功的关键。

3.1.1.3 系统分析的程序

按照系统分析的定义、内容及要素,参照系统工程的基本工作过程,可将系统分析的基本过程归纳为图 3-1 所示的几个步骤。

3.1.1.4 系统分析的原则

(1)内部条件和外部条件相结合

对系统的外部条件进行分析和研究,在于弄清系统目前和将来所处环境的状况,把握系统发展的有利条件和不利因素。而对系统内部条件的分析,则是为了了解系统的组成要素、要素之间的关系以及系统的结构、功能等。

(2)当前利益与长远利益相结合

系统的最优化包含两方面的含义:一是从空间上要求整体最优;二是从时间上要求全过程最优。因此,选择系统方案时不仅要从当前利益出发,而且还要考虑将来的利益。

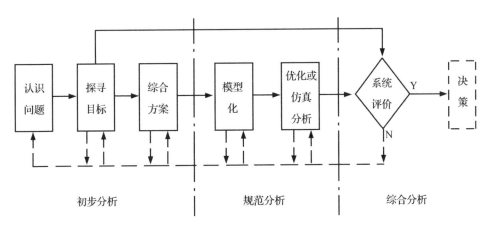

图 3-1 系统分析的基本过程

(3)局部效益与整体效益相结合

从系统整体的全局观出发,寻求总体的最优。

(4)定量分析与定性分析相结合

从方法论上看,系统分析一方面需要采用科学的分析技术和工具进行定量分析,另一方面还要利用分析者和决策者的直观判断和丰富经验进行定性分析。两者交替进行,相互融合,最终达到优选的目的。

3.1.1.5 系统分析应该避免的问题

系统分析应该避免以下若干弊病:①问题定义不明确;②问题定义不恰当;③系统范围规定不合适;④方案有重大缺陷或方案个数太少;⑤准则不适当;⑥立场不公正;⑦数据不真实;⑧模型不正确;⑨模型使用不当;⑩对相关因素处理不当;⑪采用了不正确的假设;⑫忽视了不正确因素;⑬样本不足;⑭缺少反馈;⑮没有及时与决策者对话;⑯各自为政,缺少联系;⑰忽视了主观因素;⑱过早地做出结论;等等。

3.1.2 系统环境分析的主要内容

3.1.2.1 环境分析的定义和内容

系统工程的目的是实现系统的整体最优化,必须全面考虑各子系统之间、总系统与环境之间的关系。一方面系统之间保持协调关系是系统功能发挥的重要保证,另一方面系统之间物质、能量和信息的交换是影响系统功能的主导因素。

环境分析几乎贯穿于系统分析的全过程,具有重要的作用。首先,在认识问题阶段,只有正确区分出各种环境要素,才能划定系统边界;其次,在探寻目标阶段,要根据环境对系统的要求建立系统的目标结构,以求得系统对环境的最优和最人输出;第三,在综合方案阶段,要考虑到环境条件及其变化对方案可行性的影响,选择出能适应环境变化的切实可行的行动方案;第四,在模型化及其分析阶段,要充分且正确地考虑到各主要环境条件(如人、财、物、政策等)对系统优化的约束;第五,在评价与决策阶段,要通过灵敏度分析和风险分析等途径,降低环境变化对最佳决策方案的影响,提高政策与策略的相对稳定性和环境适应性。

环境分析是指通过对企业采取各种方法,对自身所处的内外环境进行充分认识和评价,以便发现市场机会和风险,确定企业自身的优势和劣势,从而为战略管理过程提供指导的一系列活动。

3.1.2.2 系统环境的分类

依据环境中各构成要素的数量(即环境复杂性)和变动程度(即环境动态性)的不同,可以将组织环境划分为以下四种形式:

(1)简单和稳定的环境,如标准挂衣架制造商、容器制造商、啤酒经销商就处于这种不确定性很低的环境中。

(2)复杂和稳定的环境,如医院、大学、保险公司和汽车制造商就处于这种环境中。

(3)简单和动态的环境,因为环境中某些要素发生动荡变化,使环境的不确定性明显升高,如唱片公司、玩具制造商和时装加工厂就处于这种环境中。

(4)复杂和动态的环境,其不确定性最高,对组织管理者的挑战最大,如电子行业、计算机软件公司面的就是对这种最难应付的环境。

3.1.2.3 系统和环境的关系

系统和环境的关系表现为:

(1)互依关系(图 3-2);

(2)互补关系;

(3)竞争关系(图 3-3);

(4)破坏关系;

(5)吞食关系。

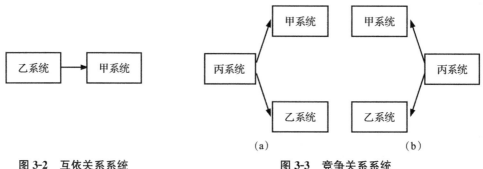

| 图 3-2 互依关系系统 | 图 3-3 竞争关系系统 |

在分析系统和环境之间的相互影响时,可以从下列四个方面着手:

(1)如果系统和环境是互依关系,那么环境对系统的输入或系统对环境的输出是否稳定可靠。

(2)在包含环境的各个系统中是否和新建或改建的系统有竞争关系。

(3)环境对系统提供输入或系统对环境提供输出时是否存在着破坏关系。

(4)环境和系统间是否存在着吞食关系。

系统环境分析常用方法有 PEST 分析法和 SWOT 分析法。

3.2 PEST 分析法

PEST 分析是指对企业外部或宏观环境进行的系统化分析。宏观环境又称一般环境,是指影响行业和企业的各种宏观或外部力量。对宏观环境因素做分析,不同行业和企业根据自身特点和经营需要,分析的具体内容会有所差异,但一般应对政治和法律因素(Political and legal factors)、经济因素(Economic factors)、社会和文化因素(Social and cultural factors)、技术因素(Technological factors)这四大类影响企业的主要外部环境因素进行分析,称之为 PEST 分析法。

PEST 分析又称宏观环境分析,是分析宏观环境的有效工具。图 3-4 所示为主要的宏观环境因素。

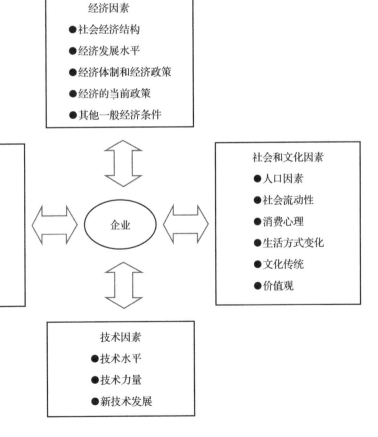

图 3-4　主要的宏观环境因素

3.2.1 政治和法律环境

政治和法律环境,是指那些制约和影响企业的政治要素和法律系统,以及其运行状态。政治环境包括国家的政治制度、权力机构、颁布的方针政策、政治团体和政治形势等因素。法律环境包括国家制定的法律、法规、法令以及国家的执法机构等因素。政治和法律因素是保障企业生产经营活动的基本条件。在一个稳定的法制环境中,企业能够真正通过公平竞争获取自己正当的权益,并得以长期稳定地发展。国家的政策或法规对企业的生产经营活动具有控制、调节作用,同一个政策或法规,可能会给不同的企业带来不同的机会或制约。

3.2.1.1 政治环境分析

具体来讲,政治环境分析一般包括以下四个方面:

(1)企业所在国家和地区的政局稳定状况。

(2)政府行为对企业的影响。

(3)执政党所持的态度和推行的基本政策(例如,产业政策、税收政策、进出口限制等),以及这些政策的连续性和稳定性。政府要制定各种政策,并采取多种措施来推行政策。

(4)各政治利益集团对企业活动产生的影响。一方面,这些集团通过议员或代表来发挥自己的影响,政府的决策会去适应这些力量;另一方面,这些集团也可以对企业施加影响,例如诉诸法律、利用传播媒介等。

3.2.1.2 法律环境分析

法律是政府管理企业的一种手段。一些政治因素对企业行为有直接的影响,但一般来说,政府主要是通过制定法律法规来间接影响企业的活动。这些法律法规的存在有以下四大目的:

(1)保护企业,反对不正当竞争。

(2)保护消费者,这包括许多涵盖商品包装、商标、食品卫生、广告及其他方面的消费者保护法规。

(3)保护员工,这包括涉及员工招聘的法律和对工作条件进行控制的健康与安全方面的法规。

(4)保护公众权益免受不合理企业行为的损害。

3.2.2 经济环境

经济环境是指构成企业生存和发展的社会经济状况及国家的经济政策,包括社会经济结构、经济发展水平、经济体制、宏观经济政策、当前经济状况和其他一般经济条件等要素。与政治和法律环境相比,经济环境对企业生产经营的影响更直接、更具体。

3.2.2.1 社会经济结构

社会经济结构,是指国民经济中不同的经济成分、不同的产业部门及社会再生产各方面在组成国民经济整体时相互的适应性、量的比例以及排列关联的状况。社会经济结构一般包括产业结构、分配结构、交换结构、消费结构和技术结构等。

3.2.2.2 经济发展水平

经济发展水平,是指一个国家经济发展的规模、速度和所达到的水平。反映一个国家经济发展水平的常用指标有国内生产总值(GDP)、人均 GDP 和经济增长速度等。

3.2.2.3 经济体制

经济体制是指国家经济组织的形式,它规定了国家与企业、企业与企业、企业与各经济部门之间的关系,并通过一定的管理手段和方法来调控或影响社会经济流动的范围、内容和方式等。

3.2.2.4 宏观经济政策

宏观经济政策,是指实现国家经济发展目标的战略与策略,它包括综合性的全国发展战略和产业政策、国民收入分配政策、价格政策、物资流动政策等。

3.2.2.5 当前经济状况

当前经济状况会影响一个企业的财务业绩。经济的增长率取决于商品和服务需求的总体变化。其他经济影响因素包括税收水平、通货膨胀率、贸易差额和汇率、失业率、利率、信贷投放以及政府补助等。

3.2.2.6 其他一般经济条件

其他一般经济条件及其发展趋势对一个企业的成功也很重要。如工资水平、供应商及竞争对手的价格变化等经济因素,可能会影响行业内竞争的激烈程度,也可能会延长产品寿命、鼓励企业用自动化取代人工、促进外商投资或引入本土投资、使强劲的市场变弱或使安全的市场变得更具风险等。

3.2.3 社会和文化环境

社会和文化环境是指企业所处的社会结构、社会风俗和习惯、信仰和价值观念、行为规范、文化传统、人口规模与地理分布等因素的形成和变动。社会和文化环境对企业生产经营的影响也是不言而喻的。例如,人口规模、社会人口年龄结构、家庭人口结构、社会风俗对消费者消费偏好的影响,是企业在确定投资方向、产品改进与革新等重大经营决策时必须考虑的因素。

社会和文化环境因素的范围甚广,主要包括人口因素、社会流动性、消费心理、生活方式变化、文化传统和价值观等。

3.2.3.1 人口因素

人口因素包括企业所在地居民的地理分布及密度、年龄、教育水平、国籍等。大型企业通常会利用人口统计数据来进行客户定位,并用于研究应如何开发产品。人口因素对企业战略的制定具有重大影响。

3.2.3.2 社会流动性

社会流动性主要涉及社会的分层情况、各阶层之间的差异以及人们是否可在各阶层之间转换、人口内部各群体的规模、财富及其构成的变化以及不同区域(城市、郊区及农村地区)的人口分布等。

3.2.3.3 消费心理

顾客的消费心理是在购物过程中追求有新鲜感的产品多于满足其实际需要的产品,

因此,企业应有不同的产品类型以满足不同顾客的心理需求。

3.2.3.4　生活方式变化

随着社会经济发展和对外交流程度的不断增强,人们的生活方式也会随之发生变化。人们对物质需求会越来越高,对社交、自尊、求知、审美等精神需求也会越来越强烈,这将会给企业带来诸多新的机遇与挑战。

3.2.3.5　文化传统

文化传统是一个国家或地区在较长历史时期内形成的一种社会习惯,它是影响经济活动的一个重要因素。

3.2.3.6　价值观

价值观是指社会公众评价各种行为的观念和标准。不同的国家和地区人们的价值观存在差异。

3.2.4　技术环境

技术环境是指企业所处环境中的科技要素及与该要素直接相关的各种社会现象的集合,包括国家科技体制、科技政策、科技水平和科技发展趋势等。

技术环境对企业战略产生的影响包括:

(1)技术进步使企业能对市场及客户进行更有效的分析。

(2)新技术的出现使社会对本行业产品和服务的需求增加,从而使企业可以扩大经营范围或开辟新的市场。

(3)技术进步可创造竞争优势。

(4)技术进步可导致现有产品被淘汰,或大大缩短产品的生命周期。

(5)新技术的发展使企业更多地关注环境保护、企业的社会责任及可持续成长等问题。

3.3　SWOT 分析法

3.3.1　基本原理

SWOT 分析是一种企业基本态势的系统化分析方法,即根据企业自身条件及面临的外部环境进行分析,找出企业的优势、劣势及核心竞争力,从而将企业的战略与企业内部资源、外部环境有机结合。其中,S 代表 Strength(优势),W 代表 Weakness(劣势),O 代表 Opportunity(机会),T 代表 Threat(威胁)。优势和劣势是系统的内部要素,机会和威胁是系统的外部要素(来自环境)。

企业内部的优势和劣势是相对于竞争对手而言的,一般表现在企业的资金、技术设备、员工素质、产品、市场、管理技能等方面。判断企业内部的优势和劣势一般有两项标准:一是单项的优势和劣势,例如企业资金雄厚,则在资金上占优势;市场占有率低,则在市场上处于劣势;二是综合的优势和劣势,为了评估企业的综合优势和劣势,应选定一些重要因素加以评价打分,然后根据其重要程度按加权平均法加以确定。

企业外部环境的机会是指环境中对企业有利的因素，如政府支持、高新技术的应用、与购买者和供应者良好的关系等。企业外部环境的威胁是指环境中对企业不利的因素，如新竞争对手的出现、市场增长缓慢、购买者和供应者讨价还价能力增强、技术老化等。

表 3-1 列示了典型的 SWOT 分析。

表 3-1　典型的 SWOT 分析

优势与劣势	优势	企业拥有的专业市场知识
		对自然资源的独有进入性
		专利权
		新颖的、创新的产品或服务
		企业地理位置优越
		由于自主知识产权所获得的成本优势
		质量流程与控制优势
		品牌和声誉优势
	劣势	缺乏市场知识与经验
		无差别的产品和服务（与竞争对手比较）
		企业地理位置较差
		竞争对手进入分销渠道并占据优先位置
		产品或服务质量低下
		声誉败坏
机会与威胁	机会	发展中国家新兴市场
		并购、合资或战略联盟
		进入具有吸引力的新的细分市场
		新的国际市场
		政府规则放宽
		国际贸易壁垒消除
		某一市场的领导者力量薄弱
	威胁	企业所处的市场中出现新的竞争对手
		价格战
		竞争对手发明新颖的、创新性的替代产品或服务
		政府颁布新的规则
		出现新的贸易壁垒
		针对企业产品或服务的潜在税务负担

3.3.2 SWOT 分析的应用

SWOT 分析是根据企业的目标列出对企业生产经营活动及发展有着重大影响的内部及外部因素,并且根据所确定的标准对这些因素进行评价,从中判定出企业的优势与劣势、机会和威胁。SWOT 分析的目的是使企业考虑:为了更好地对新出现的产业和竞争环境做出反应,必须对企业的资源采取哪些调整行动;是否存在需要弥补的资源缺口;企业需要从哪些方面加强其资源;要建立企业未来的资源必须采取哪些行动;在分配公司资源时,哪些机会应该最先考虑。也就是说,SWOT 分析中最核心的部分是评价企业的优势和劣势、判断企业所面临的机会和威胁并做出决策,即在企业现有的内部环境下,如何最优地运用自己的资源,并建立公司未来的资源。

从表 3-2 中可以看出,第Ⅰ类型的企业具有很好的内部优势以及众多的外部机会,应当采取增长型战略,如开发市场、增加产量等。第Ⅱ类企业面临着良好的外部机会,却受到内部劣势的限制,应采取扭转型战略,充分利用环境带来的机会,设法弄清楚内部劣势。第Ⅲ类企业内部存在劣势,外部面临威胁,应采用防御型战略,进行业务调整,设法避开威胁和消除劣势。第Ⅳ类企业具有内部优势,但外部环境存在威胁,应采取多种经营战略,利用自己的优势,在多样化经营上寻找长期发展的机会,或者进一步增强自身竞争优势,以对抗威胁。

表 3-2 SWOT 分析

优势与劣势	外部环境	
	机会	威胁
优势	增长型战略(SO) (Ⅰ)	多种经营战略(ST) (Ⅳ)
劣势	扭转型战略(WO) (Ⅱ)	防御性战略(WT) (Ⅲ)

3.4 案 例 分 析

3.4.1 H 省电力公司 SWOT-PEST 分析

H 省电力公司是国家电网公司的全资子公司,主营输、配、售电并控制区内主电网的设计、施工、运营和电力供给。H 省位于西北地区,资源丰富,拥有大量的风能、太阳能等可再生能源,为新能源发电创造了先天优势和广阔的发展空间。

为应对气候变暖、能源紧缺,促进节能减排,《国家应对气候变化规划(2014—2020 年)》中提到,未来我国能源行业的发展方向是清洁、安全高效、可持续,风、光伏、生物质能等新能源发电比重持续上升。作为"一带一路"倡议经济带的重要战略节点和西部大开发的桥头堡,H 省被批设为首个新能源综合示范区,新能源发电得到了快速发展。但 H 省新能源的"三公"调度、消纳仍存在较多制约,电源与负荷发展不平衡,新能源发电的波动性对电力电量平衡及电网安全、稳定的影响持续增大等,这些对 H 省电力公司提出了重大挑战。

利用 SWOT-PEST 对 H 省电力公司进行分析,见表 3-3。

表 3-3 H 省电力公司 SWOT-PEST 分析

要素		政治 P	经济 E	社会 S	技术 T
内部条件 SW	优势 S	1."十三五"期间,国家电网加快 H 省电力发展,批设 H 省为首个新能源综合示范区; 2."H 省十三五":大幅度增加新能源发电装机比例,完成国家新能源综合示范区建设	1. H 省国民经济综合实力大幅提升,电力消费弹性系数与经济增长呈正相关; 2. H 省电力公司综合实力显著提高; 3. H 省电力负荷特性较好,第二产业用电占比较大	1. 富集风、光等可再生能源; 2. H 省电力公司企业文化优良	1. H 省电力在新能源功率管理方面有重大突破,例如创新的预测及控制系统; 2. 各等级电网协调发展; 3. 风、光伏等新能源装机容量占比高,电网结构、规模较适宜
	劣势 W	1. 新能源标杆上网电价、销售电价与发电成本不匹配; 2. 新能源价格补贴机制不完善,补贴资金征集不足	1. 新能源产业布局、产业结构、人才培养及创新能力存在问题; 2. 经济增长方式粗放,经营业绩较差	人才培养不匹配电网发展,人才"结构性短缺"突出	1. 220 kV 及以上线路保护通道配置不合理; 2. 电网存在安全隐患; 3. 电力输送跨度大,距离远,严重影响了供电质量
外部条件 OT	机会 O	1. 中央财政用于新能源发电等行业的专项转移支付,致力于向 H 省等资源富集区靠拢; 2."一带一路"倡议深入发展,H 省内引外联,引领中阿合作典范; 3. 增加新能源发电专项资金、科技发展基金,为新能源行业基地建设谋福利	1. 中东部地区能源紧缺,电力供给与需求严重失衡,"西电东输"——H 省电力市场开拓潜力巨大; 2."一带一路"倡议深入实施,中亚国家经济迅速崛起,H 省与其可开展经济方面的合作; 3. 央企加大对 H 省的投资开发力度	H 省优越的地理优势不仅可以"西电东送",还可以"宁电外(阿拉伯)送"	1. 区内 750/330/220kV 线路共同形成较强结构,为风电项目接入创造条件; 2. 特高压技术完成了多项突破,例如核心设备与技术、工程项目建设准则设定等
	威胁 T	1. 新能源面临电力总量过剩,新旧能源替代与结构优化是长期过程,电力体制改革仍需进一步深化; 2. 我国大力实施环保政策导致火电关停地区的负荷需要从其他机组或地方调度,影响了电网运行及电网结构建设	1. 宏观经济下行业压力较大,国网 H 省电力面临售电增长乏力、投入持续增加、成本刚性增长等严峻形势; 2. 在总用电量低的同时,H 省增加了大用户直购电,进一步挤压了新能源的市场空间; 3. 投资规模快速增长,电网建设任务艰巨	1. 自备电厂"自发自用"模式下,设备利用小时数高于电网常规机组,影响电网的健康、有序发展; 2. H 省周边省份新能源发电迅速发展,风、光伏装机容量不断增加,对 H 省造成周边省份同质化竞争	1. 风、光伏发电较大的波动性、间断性使得调峰、调频与低电压穿越能力下降,导致电网稳定性较差; 2. 新能源及分布式发电的技术创新能力不足; 3. 新能源及分布式电源电网安全、电网连接、储能、供电质量、燃料供给等仍需进一步改善

3.4.2 智能网联汽车产业未来发展方向 SWOT-PEST 分析

在国家全面深化改革的重要时期,汽车产业方面的改革也随之进入一个新的阶段。智能网联汽车作为全球新一轮产业的竞争主方向,智能网联汽车产品势在必行。当前,我国智能网联汽车处于起步阶段,政府出台制定了一系列发展智能汽车的相关政策文件。2017 年 12 月 29 日,国家工业和信息化部、国家标准化管理委员会发布《国家车联网产业标准体系建设指南(智能网联汽车)》。2018 年 1 月 5 日,国家发展和改革委员会发布《智能汽车创新发展战略》(征求意见稿),指出智能汽车在国家经济社会发展中具有重大战略意义,也表明我国当前正在着力打造智能网联汽车产业生态,以"科技创新、产业结盟、平台开放、资源共享"的新理念来推动我国智能网联汽车产业的快速发展。与此同时,欧、美、日等国家成立了以政府部门为核心的管理机制来统筹推进智能网联汽车产业,大力加强智能汽车相关的法律法规建设。

2018 年 3 月,吉客智能生态系统(GKUI)发布暨 2018 款吉利博越的上市发布会上,吉利控股集团相关负责人表示:"首款智能互联车和汽车生态战略的发布表明吉利已经走在众多新势力造车企业之前,同时表示吉利要摘掉传统车企的帽子,将其打造成以创新为引领的科技型企业,成为汽车行业的新物种。"同时,其在不断自主创新探索过程中与沃尔沃深度融合、联合研发、协同共享,在汽车智能网联的安全化等方面已经初见成果。但是,吉利集团在智能网联汽车的专利发明数量上相对较少,未能有力抢占市场先机。吉利集团始终面临着产品、技术被淘汰的巨大威胁。与此同时,以宝马、丰田等为代表的国外车企在大中华区的智能网联汽车产业战略布局不断加速,通过对在华智能网联汽车领域的投资,进一步获取更大的市场份额,更好巩固品牌地位。此外,以谷歌、苹果、英特尔等为代表的国际巨企不断渗入汽车行业,在人工智能、无人驾驶等领域不断创新,逐渐主导未来智能网联汽车产业的发展。同样,以阿里巴巴、腾讯、百度为首的国内互联网大企业也加入了造车大潮中,与传统车企建立了全新的战略合作关系,其中既有合作又有竞争。吉利集团 SWOT-PEST 分析见表 3-4。

为使我国智能网联汽车产业健康发展从而获得更大的竞争优势,可以从以下几点进行改进:

(1)强化组织领导,优化发展环境

为使我国智能网联汽车产业健康发展,政府必须加强统筹管理,完善政府扶持,营造良好的发展环境。同时加强智能网联汽车的科普宣传,提升公众的了解度和认可度;引进社会资本,以"互联网+"突破传统竞争的局限性,鼓励互联网、科技企业参与智能网联汽车产业技术的研发;拓宽国际合作交流渠道,鼓励企业在竞争中增加合作意识,吸取国外先进技术经验。

(2)整合有效资源,加强人才保障

以科研院校为起点,创新学科理论基础,培养具有从事智能汽车相关研究、设计、制造、应用以及具备先进车企管理理念的复合型高级人才;以企业为转折点,增强与科研院校的交流互动,鼓励企业内部人才流通,加强岗位与人才的适应度匹配;以社会为终点,检验人才工程培养质量,构建人才与用人单位的交流反馈机制;同时,积极引进海外优秀人才,组建智能汽车核心技术创新发展团队。

(3)提升核心能力,打造企业体系

企业必须建设健全创新机制,打造精英团队,全力突破核心技术,提升企业的核心能力;与此同时,注重现代化管理体系,为企业在智能网联汽车的发展提供更好的支持,有效推动我国智能网联汽车产业的快速崛起。

表 3-4　吉利集团 SWOT-PEST 分析

SWOT 因素	PEST 因素			
	政治 P	经济 E	社会 S	技术 T
优势 S	智能网联汽车作为多行业、多领域深度交融的全新产品,容易获得政府支持	价格亲民、营销模式新颖,注重产品和消费者生活体验的衔接	人才资源丰富	掌握造车传统工艺,汽车品质过硬,安全性能优良
劣势 W	缺乏在跨行业组织基础上的整体统筹管理和协调推进	企业发展历史短,生产规模小,产品价值低,营利能力有限,资本较弱	行业跨度大,对互联网、通信电子等社会产业依赖性强	智能网联方面的专利发明少,与多数车企差距明显
机遇 O	政府进一步深化汽车行业改革,积极发展智能网联汽车	消费者对未来移动出行服务寄予新期望,智能网联市场前景广阔	大众对于汽车智能生态的意识越来越强,社会资本在该产业的投、融资力度增强	制造业领域强力推进科技创新与转型升级
威胁 T	缺乏稳固的法律法规政策体系	国外资本涌入,新商业模式、新应用模式的快速发展	行业内外进入智能网联全面竞争阶段	始终面临产业技术淘汰的风险

思　考　题

(1)什么是系统分析?它包含哪些要素?

(2)什么是系统环境分析?

(3)如何判断系统和环境的关系?

(4)什么是 PSET 分析?它包含哪些要素?

(5)什么是 SWOT 分析?它包含哪些要素?这些要素如何分类?

(6)列表比较 SWOT 分析、PEST 分析的特点。

(7)从第 3.4 节的两个案例中得到什么启示?

(8)寻找或编写一个系统环境分析案例。

4　系统模型化技术

4.1　系统模型化概述

4.1.1　模型的定义

模型是对由某种或某些事物所构成的体系或系统的抽象或模仿,它反映了系统的本质与主要特征。模型反映原型,但是不等于原型。地球仪是地球原型的本质和特征的一种近似或集中反映。系统模型是一种高级的抽象模型,尽管研究领域不同,但它们有可能会构建相似的同类系统的模型来研究事物的本质,也都受更加基本的原理所支配。

模型的方法作为系统工程的基础手段,经常被用来研究各个不同领域的问题,某些问题只能用模型来研究。系统和模型很大程度上可以相互代表,模型即系统,系统即模型。研究同一个系统所构造的模型不尽相同,可以使用不同的方法,从不同的角度出发。在数学模型中,对相同的参数和变量定义不同的物理意义可以研究不同的系统。

构造模型是为了研究系统原型,模型有如下的特征:

(1)真实性,即反映系统的物理本质;

(2)简明性,模型应该反映系统的主要特征,简单明了,容易求解;

(3)完整性,系统模型应包括目标与约束两个方面;

(4)规范性,使用现有的标准形式,也可以对标准的形式进行修改,成为新的系统,但是规范化并不阻止新的模型,而且更应该去创造新的规范化的模型,从而解决相似的问题。

从某种程度上讲,这些特征中真实性和简明性是有一些冲突的。现实由复杂事件构成,过分强调真实性,就会使得模型较为复杂,不容易表现系统的特征;但是过分强调简明性,就会使得现实的一些特征无法考虑到模型中。所以,应该把握事物的本质和研究问题的关键,对症下药,平衡各要求之间的需求。一个系统的完整数学模型,特别是其解析形式,通常是由目标函数和约束条件两方面组成,尤其是线性规划模型。

模型的含义广泛存在于不同的学科。在自然科学中,概念、公式、定理、理论是模型;社会科学中,学说、原理、政策、小说、美术、语言是模型。使用系统模型可以满足系统开发的需要,预测、分析、优化和评价,达成经济上的考虑,谋求安全性、稳定性,满足时间上的需要。

建立系统模型是一种创造性的劳动,研究问题需要从实际出发,将实际问题中的关键特征抽象到物理数学模型中,尽量贴近现实完成研究目的。

4.1.2　系统模型的分类

系统模型的分类有多种角度,可以从模型的形式、具体特征、相似程度、结构特征、对象的了解程度来分类。此外还有更多的模型分类方法,例如:按照变量的性质,可以分为确定性模型与随机性模型;按照变量之间的关系,可以分为线性模型与非线性模型;按照模型中是否显含时间,可以分为动态模型与静态模型;按照变量取值是否连续,可以分为连续型模型和离散型模型;根据科学性质,可以分为运筹学模型、计量经济学模型、投入产出模型、经济控制论模型、系统动力学模型等。

4.1.2.1　根据模型的形式划分

从模型的形式来分,模型可以分为三大类:物理模型、数学模型和概念模型。

(1)物理模型包含如下几种模型:

①实体模型——实体模型就是系统本身,如果需要用一部分样本来研究整体的情况,这些样本就是总体的一个部分,样本就是实体模型。

②比例模型——将系统进行等比例的放大或缩小,使之在低成本的情况下模拟出研究的对象,使研究人员较为方便地研究系统,预测和检验有可能发生的问题。

③模拟模型——根据相似的系统工作原理,使用相同的数学表达式代替另一种模型研究问题,常常用电学系统代替机械系统、热力学系统进行研究。

(2)数学模型是用数学语言对系统所作的描述与抽象。依据所用的数学语言的不同,数学模型可以分为如下几类:

①解析模型——用解析式表示的模型。

②逻辑模型——表示逻辑关系的模型。比较典型的就是方框图。

③网络模型——用网络图形来描述系统的组成元素以及元素之间的相互关系。

④图像与表格——这里说的图像是坐标系中的曲线、曲面和点等几何图形,以及甘特图、直方图、切饼图等,它们通常伴有数据表格。

(3)概念模型是指任务书、明细表、说明书、技术报告和咨询报告等,以及表达概念的示意图。这种模型比较偏向于定性一个方法,可以给人们一种相对直观的印象,很难在技术中应用,但是在研究的初期可以搭建一个概念模型梳理研究框架等许多需要解决的问题。

4.1.2.2　根据模型的具体特征划分

(1)同构模型——模型与系统之间存在一一对应关系(同构关系)。

(2)同态模型——模型与系统的一部分存在着一一对应关系(同态关系)。

(3)形象模型——将研究对象经过成比例缩放得到的模型,模型的外在形象除大小外与研究对象基本相同。

(4)模拟模型——在不同性质的系统之间建立起同构或同态关系,如电路振荡与机械振动的模拟模型。

(5)数学模型——用数学符号与公式来描述研究对象的结构与内在关系。

(6)符号模型——对象的组成元素与公式描述都用逻辑符号表示。

(7)启发式模型——运用观察、推理、经验总结的方法,建立现象和理论的模型。

(8)白箱模型——对研究对象内部的结构和特性完全清楚了解之后建立的模型。

(9)黑箱模型——对研究对象内部的结构与特性完全不了解而建立的模型。

(10)灰箱模型——对系统内部结构与特性有部分了解而建立的模型。

4.1.3 系统模型的构建

4.1.3.1 系统建模应遵循的基本步骤

建模要抓住三个基本点:提高对问题的理解;训练自身的洞察力;强化建模技巧。

基本的建模技巧如下:

(1)明确建模的目的和要求,以便满足模型的实际使用需求,达到预定的研究结果。

(2)清晰地描述系统,对系统的描述是为了更好地展示模型,便于执行标准化的程序。

(3)思考系统中的主要变量之间的相互关系,使得模型可以准确地表现现实。

(4)确定模型的结构。规划模型使用的结构,方便模型的构架。

(5)估计模型的参数。用数量来表示系统中的因果关系。

(6)实验研究。对模型进行仿真模拟,导入实验数据进行实验,检验模型的运行情况。

(7)修改。根据实验的情况进行修改,进一步强化模型的发展研究。

4.1.3.2 建模的一般方法

建模的一般方法如下:

(1)分析法

分析解剖问题,深入研究客体系统内部的细节,挖掘结构形式、函数关系、理论联系等的内涵,利用逻辑演绎法从公理、定律导出系统模型。

(2)实验法

通过对实验结果的观察和分析,对实验参数的不断调整,发现不同实验参数与结果的联系,进一步改进模型。也可以利用逻辑归纳法导出系统模型。

(3)综合法

这种方法既重视实验数据又承认理论价值,将实验数据与理论推导统一于建模之中。实验数据与理论不可分割。没有实验就建立不了理论,没有理论指导则难以得到有用的实验数据。在实际工作中综合法是最常用的方法。通常利用演绎方法从已知定理中导出模型,对于某些不详之处,则利用实验方法补充,再利用归纳法从实验数据中搞清关系,建立模型。

(4)老手法

对于复杂的系统,特别是有人参与的系统,要利用上述方法建模是十分的困难的。其原因就在于研究者很难对问题有全面的认识,因此就必须采用德尔菲法等老手法。即通过专家之间启发式的讨论,逐步完善对系统的认识,构造出模型来探究问题的关键。老手法在社会系统规划、决策中是常用的方法。这种方法的本质在于集中了专家对系统的认识,包括直觉等主观的因素,逻辑推理等相对客观的因素,在这样的过程中专家思维的冲突和融合有助于推动研究的进展,通过实验修正,往往可以得到较好的效果。

(5)辩证法

辩证法是有关思维方法与逻辑分析的一种学说,需要对立统一的思考。矛盾双方相互转化与统一乃是真实的场景。同时,相同的数据可以通过两个不同的模型进行研究,构成两个不同的结果,在这样的结果中进行对比分析。因此,这种方法可以防止片面性的结论,结果是优于片面性的结论。

4.2 结构模型技术

4.2.1 结构模型的定义

结构模型应用有向连接图来描述系统各要素之间的关系,以表示一个作为要素集合体的系统模型。结构模型亦是定性表示系统的构成要素以及它们之间存在着本质上相互依赖、相互制约和关联情况的模型。结构模型化即建立系统结构模型的过程。该过程注重表现系统要素之间相互作用的性质,是系统认识、准确把握复杂问题并对问题建立数学模型、进行定量分析的基础。阶层的发展是大规模复杂系统的基本特性,在结构化模型的研究中,起重要作用的也是层次化研究系统结构模型。

4.2.2 结构模型的表达方式

系统的要素及其关系形成系统的特定结构。在通常的情况下,可采用集合、有向图和矩阵等相互对应的方式来表达系统的某种结构。

4.2.2.1 集合表达 M

设系统由 $n(n \geqslant 2)$ 个要素 $(S_1, S_2, \cdots, S_n)$ 所组成,其集合为 S,则有 $S = \{S_1, S_2, \cdots, S_n\}$。系统的诸多要素有机地联系在一起,并且一般都是以两个要素之间的二元关系为基础的。所谓的二元关系,就是根据系统的性质和研究的目的所约定的一种需要讨论的、存在于系统中的两个要素 (S_i, S_j) 之间的关系 R_{ij}(简记为 R),通常有影响关系、因果关系、包含关系、隶属关系以及各种可以比较的关系(如大小、先后、轻重、优劣等)。二元关系是结构分析中所要讨论的系统构成要素间的基本关系。

4.2.2.2 有向图表达

有向图(D)由节点和连接各节点的有向弧组成,可用来表达系统的结构。具体方法是:用节点表示系统的各构成要素,用有向弧表示要素之间的二元关系。从节点 $i(S_i)$ 到 $j(S_j)$ 的最小有向弧数称为 D 中节点间的通路长度,也即要素 S_i 与 S_j 间二元关系的传递次数。在有向图中,从某节点出发,沿着有向弧通过其他某些节点各一次可回到该节点时,形成回路。具有强连接关系的要素节点间具有双向回路。

4.2.2.3 矩阵表达

(1)邻接矩阵。邻接矩阵(A)是表示系统要素间基本二元关系或直接联系情况的方阵。若 $A = (a_{ij})_{n \times n}$,则其定义式为:

$$a_{ij} = \begin{cases} 1, S_i R S_j \text{ 或} (S_i, S_j) \in R_b(S_i \text{ 对 } S_j \text{ 有某种二元关系}) \\ 0, S_i \overline{R} S_j \text{ 或} (S_i, S_j) \notin R_b(S_i \text{ 对 } S_j \text{ 没有某种二元关系}) \end{cases}$$

(2)可达矩阵。若在要素 S_i 和 S_j 间存在着某种传递性二元关系,或在有向图上存

在着有节点 i 至 j 的有向通路时,则称 S_i 是可以到达 S_j 的,或者说 S_j 是 S_i 可以达到的。所谓可达矩阵(M),就是表示系统要素之间任意次传递性二元关系或有向图上两个节点之间通过任意长的路径可以到达情况的方阵。若 $M=(m_{ij})_{n \times n}$,且在无回路条件下的最大路长或传递次数为 r,即有 $0 \leqslant t \leqslant r$,则可达矩阵的定义式为:

$$m_{ij} = \begin{cases} 1, S_i R^t S_j (存在 i 至 j 的最大 r 通路) \\ 0, S_i \overline{R}^t S_j (不存在 i 至 j 的通路) \end{cases}$$

4.2.3　结构模型化技术

系统结构模型化技术是以各种创造性技术为基础的系统整体结构的决定技术。它们通过探寻系统结构的构成要素、寻找要素间的关联意义、给出要素间二元关系的具体关系,并且整理成图和矩阵等较为直观的形式,在此基础上逐步添加不同的特征,并据此建立复杂系统的结构模型。常用的系统结构化模型技术有:关联树法、解释结构模型化技术、系统动力学结构模型化技术等,其中解释结构模型化技术是最基本和最具特色的系统结构模型化技术。

解释结构模型化技术的基本思想是:通过各种创造性技术,提取问题的构成要素,利用有向图、矩阵等工具和计算机技术,对要素及其相互关系等信息进行处理,最后利用文字加以解释说明,明确问题的结构和整体的方向,提高对问题的认识和理解程度。该技术由于具有不需要高深的数学知识、模型直观且有启发性、可吸收各种有关人员参加等特点,因而广泛适用于认识和处理各类经济社会问题。

4.2.4　递阶结构模型建立的规范方法

建立反映系统问题要素间层次关系的递阶结构模型,可在可达矩阵 M 的基础上进行,且一般要经过区域划分、级位划分、骨架矩阵提取和多级递阶有向图绘制四个阶段。这是建立递阶结构模型的基本方法。

4.2.4.1　区域划分

区域划分是将系统的构成要素集合 S 分割成关于给定二元关系 R 的相互独立的区域的过程。为此,需要首先以可达矩阵 M 为基础,划分与要素 $S_i (i=1,2,\cdots,n)$ 相关联的系统要素的类型,并找出在整个系统(所有要素集合 S)中有明显特征的要素。有关要素集合的定义如下:

(1)可达集 $R(S_i)$。系统要素 S_i 的可达集是在可达矩阵或有向图中由 S_i 可到达的诸要素所构成的集合,记为 $R(S_i)$。其定义式为 $R(S_i) = \{S_j | S_j \in S, m_{ij}=1, j=1,2,\cdots,n\}$ $(i=1,2,\cdots,n)$。如在给出的可达矩阵中有 $R(S_1)=\{S_1\}, R\{S_2\}=\{S_1,S_2\}, R(S_3)=\{S_3,S_4,S_5,S_6\}, R(S_4)=R(S_6)=\{S_4,S_5,S_6\}, R(S_5)=\{S_5\}, R(S_7)=\{S_1,S_2,S_7\}$。

(2)先行集 $A(S_i)$。系统要素 S_i 的先行集是在可达矩阵或有向图中可到达 S_i 的诸系统要素所构成的集合,记为 $A(S_i)$。其定义式为 $A(S_i) = \{S_j | S_j \in S, m_{ji}=1,2,\cdots,n\} (i=1,2,\cdots,n)$。

(3)共同集 $C(S_i)$。系统要素 S_i 的共同集是 S_i 在可达集和先行集的共同部分,即交集,记为 $C(S_i)$。其定义式为 $C(S_i)=\{S_j\mid S_j\in S, m_{ij}=1, m_{ji}=1, j=1,2,\cdots,n\}(i=1,2,\cdots,n)$。

(4)起始集 $B(S)$ 和终值集 $E(S)$。系统要素集合 S 的起始集是在 S 中只影响(到达)其他要素而不受其他要素的影响(不被其他要素到达)的要素所构成的集合,记为 $B(S)$。系统要素集合 S 的终止集是在 S 中只受其他要素影响而不影响其他要素的要素构成的集合,记为 $E(S)$。$B(S)$ 中的要素在有向图中只有箭线流出,而无箭线流入,是系统的输入要素。其定义式为 $B(S)=\{S_i\mid S_i\in S, C(S_i)=A(S_i), i=1,2,\cdots,n\}$。

4.2.4.2 级位划分

区域内的级位划分,即确定某区域各要素所处层次地位的过程。这是建立多级递阶结构模型的关键工作。设 P 是由区域划分得到的某区域要素集合,若用 $L_1, L_2, \cdots, L_t$ 表示从高到低的各级要素集合(其中 t 为最大级位数),则级位划分的结果可写成 $\Pi(P)=L_1, L_2, \cdots, L_t$。

某系统要素集合的最高级要素即该系统的终止集要素。级位划分的基本做法是:找出整个系统要素集合的最高级要素(终止级要素)后,可将它们去掉,再求剩余要素集合(形成部分图)的最高级要素。依次类推,直到确定出最低一级要素集合(即 L_t)。

为此,令 $L_0=\varnothing$(最高级要素集合为 L_1,没有零级要素),则有:

$$\begin{cases} L_1=\{S_i \mid S_i\in P-L_0, C_0(S_i)=R_0(S_i), i=1,2,\cdots,n\} \\ L_2=\{S_i \mid S_i\in P-L_0-L_1, C_1(S_i)=R_1(S_i), i<n\} \\ \quad\vdots \\ L_k=\{S_i \mid S_i\in P-L_0-L_1-\cdots-L_{k-1}, C_{k-1}(S_i)=R_{k-1}(S_i), i<n\} \end{cases}$$

式中的 $C_{k-1}(S_i)$ 和 $R_{k-1}(S_i)$ 是由集合 $P-L_0-L_1-\cdots-L_{k-1}$ 中的要素形成的子矩阵求得的共同集和可达集。经过级位划分后的可达矩阵变为区域块三角矩阵,记为 $M(L)$。

4.2.4.3 骨架矩阵提取

骨架矩阵提取,是通过对可达矩阵 $M(L)$ 的缩约和检出,建立起 $M(L)$ 的最小实现矩阵,即骨架矩阵 A'。这里的骨架矩阵,也即为 M 的最小实现多级递阶结构矩阵。对经过区域和级位划分后的可达矩阵 $M(L)$ 的缩减,可分为以下三步:

第一步,检查各层次中的强连接要素,建立可达矩阵 $M(L)$ 的缩减矩阵 $M'(L)$。

第二步,去掉 $M'(L)$ 中已具有邻接二元关系的要素间的越级二元关系,得到经进一步简化后的新矩阵 $M''(L)$。

第三步,进一步去掉 $M''(L)$ 中自身到达的二元关系,即减去单位矩阵,将 $M''(L)$ 主对角线上的"1"全部变为"0",得到经简化后具有最少二元关系个数的骨架矩阵 A'。

4.2.4.4 多级递阶有向图 $D(A')$ 绘制

根据骨架矩阵 A',绘制出多级递阶有向图 $D(A')$,即建立系统要素的递阶结构模型。绘图一般分为以下三步:

第一步,分区域从上到下逐级排列系统构成要素。

第二步,同级加入被删掉的与某要素有强连接关系的要素,及表征它们相互关系的有向弧。

第三步,按 $\boldsymbol{A}'$ 所示的邻接二元关系,用级间有向弧连接成有向图 $D(\boldsymbol{A}')$。

综上所述,以可达矩阵 $\boldsymbol{M}$ 为基础,以矩阵变换为主线的递阶结构模型建立完成。

4.3 主成分分析法

4.3.1 主成分分析

主成分分析也称主分量分析,是数据挖掘中常用的一种降维算法,即把多指标转化为少数几个综合指标。该方法是 Pearson 在 1901 年提出的,后来由 Hotelling 在 1933 年加以发展提出的一种多变量的统计方法。在统计学中,主成分分析(Principal Components Analysis,PCA)是一种简化数据集的技术。它是一个线性变换,这个变换把数据变换到一个新的坐标系统中,使得任何数据投影的第一大方差在第一个坐标(称为第一主成分)上,第二大方差在第二个坐标(第二主成分)上,依次类推。主成分分析经常是减少数据集的维数,同时保持数据集对方差贡献最大的特征。这是通过保留低阶主成分,忽略高阶主成分做到的,这样低阶成分往往能够保留数据最重要的方面。

在实证问题研究中,为了全面、系统地分析问题,必须考虑众多影响因素。这些涉及的因素一般称为指标,在多元统计分析中也称为变量。因为每个变量都在不同程度上反映了所研究问题的某些信息,并且指标之间彼此有一定的相关性,因而所得的统计数据反映的信息在一定程度上有重叠。在用统计方法研究多变量问题时,变量太多会增加计算量和分析问题的复杂性,人们希望在进行定量分析的过程中,涉及的变量较少,得到的信息量较多。主成分分析正是适应这一要求产生的,是解决这类题的理想工具。

主成分分析法借助于一个正交变换,将其分量相关的原随机向量转化成其分量不相关的新随机向量,这在代数上表现为将原随机向量的协方差矩阵变换成对角线形矩阵,在几何上表现为将原坐标系变换成新的正交坐标系,使之指向样本点散布最开的 p 个正交方向,然后对多维变量系统进行降维处理,使之能以一个较高的精度转换成低维变量系统,再通过构造适当的价值函数,进一步把低维系统转化成一维系统。

4.3.2 主成分的定义及其计算

4.3.2.1 主成分的定义

设 $\boldsymbol{X} = (X_1 \quad X_2 \quad \cdots \quad X_n)^\mathrm{T}$ 为 n 维随机向量,其协方差矩阵为:

$$\mathrm{Cov}(\boldsymbol{X}) = \Sigma = (\sigma_{ij})_{n \times n} = E\{[\boldsymbol{X} - E(\boldsymbol{X})](\boldsymbol{X} - E(\boldsymbol{X}))^\mathrm{T}\}$$

它是一个 n 阶非负定矩阵。按照主成分分析的思想,首先构造 $X_1, X_2, \cdots, X_n$ 的线性组合,即 $Z_1 = \boldsymbol{\alpha}_1^\mathrm{T}\boldsymbol{X} = \alpha_{11}X_1 + \alpha_{12}X_2 + \cdots + \alpha_{1n}X_n$,确定 $\boldsymbol{\alpha}_1 = (\alpha_{11} \quad \alpha_{12} \quad \cdots \quad \alpha_{1n})^\mathrm{T}$ 使得 $\mathrm{Var}(Z_1)$ $= \mathrm{Var}(\boldsymbol{\alpha}_1^\mathrm{T}\boldsymbol{X}) = \boldsymbol{\alpha}_1^\mathrm{T}\Sigma\boldsymbol{\alpha}_1$ 达到最大。但必须对 $\boldsymbol{\alpha}_1$ 加以限制,否则 $\mathrm{Var}(Z_1)$ 无界。一个自然的约束条件是要求 $\boldsymbol{\alpha}_1$ 的长度为1,即在约束条件 $\boldsymbol{\alpha}_1^\mathrm{T}\boldsymbol{\alpha}_1 = 1$ 之下,求 $\boldsymbol{\alpha}_1$ 使得 $\mathrm{Var}(Z_1) = \boldsymbol{\alpha}_1^\mathrm{T}\Sigma\boldsymbol{\alpha}_1$ 达到最大。由此 $\boldsymbol{\alpha}_1$ 所确定的随机变量 $Z_1 = \boldsymbol{\alpha}_1^\mathrm{T}\boldsymbol{X}$ 称为 $\boldsymbol{X}$ 的第一主成分。

如果第一主成分 Z_1 在 $\boldsymbol{\alpha}_1$ 方向上的分散性还不足以反映原变量的分散性,则再构造

$X_1, X_2, \cdots, X_n$ 的线性组合，即 $Z_2 = \boldsymbol{\alpha}_2^{\mathrm{T}} \boldsymbol{X} = \alpha_{21} X_1 + \alpha_{22} X_2 + \cdots + \alpha_{2n} X_n$，为使 Z_1 和 Z_2 所反映的原变量信息不相重叠，要求 Z_1 和 Z_2 不相关，即：

$$\mathrm{Cov}(Z_1, Z_2) = \mathrm{Cov}(\boldsymbol{\alpha}_1^{\mathrm{T}} \boldsymbol{X}, \boldsymbol{\alpha}_2^{\mathrm{T}} \boldsymbol{X}) = \boldsymbol{\alpha}_2^{\mathrm{T}} \boldsymbol{\Sigma} \boldsymbol{\alpha}_1 = 0$$

按主成分分析思想，问题转化为在约束条件 $\boldsymbol{\alpha}_2^{\mathrm{T}} \boldsymbol{\alpha}_2 = 1$ 及 $\boldsymbol{\alpha}_2^{\mathrm{T}} \boldsymbol{\Sigma} \boldsymbol{\alpha}_1 = 0$ 之下，求 $\boldsymbol{\alpha}_2$ 使得 $\mathrm{Var}(Z_2) = \boldsymbol{\alpha}_2^{\mathrm{T}} \boldsymbol{\Sigma} \boldsymbol{\alpha}_2$ 达到最大。由此 $\boldsymbol{\alpha}_2$ 所确定的随机变量 $Z_2 = \boldsymbol{\alpha}_2^{\mathrm{T}} \boldsymbol{X}$ 称为 $\boldsymbol{X}$ 的第二主成分。

一般地，若 $Z_1, Z_2, \cdots, Z_{k-1}$ 还不足以反映原变量的信息，则进一步构造 $X_1, X_2, \cdots, X_n$ 的线性组合，即 $Z_k = \boldsymbol{\alpha}_k^{\mathrm{T}} \boldsymbol{X} = \alpha_{k1} X_1 + \alpha_{k2} X_2 + \cdots + \alpha_{kn} X_n$，在约束条件 $\boldsymbol{\alpha}_k^{\mathrm{T}} \boldsymbol{\alpha}_k = 1$ 及 $\mathrm{Cov}(Z_k, Z_i) = \boldsymbol{\alpha}_k^{\mathrm{T}} \boldsymbol{\Sigma} \boldsymbol{\alpha}_i = 0 (i = 1, 2, \cdots, k-1)$ 之下，求 $\boldsymbol{\alpha}_k$ 使 $\mathrm{Var}(Z_k) = \boldsymbol{\alpha}_k^{\mathrm{T}} \boldsymbol{\Sigma} \boldsymbol{\alpha}_k$ 达到最大。由此 $\boldsymbol{\alpha}_k$ 所确定的随机变量 $Z_k = \boldsymbol{\alpha}_k^{\mathrm{T}} \boldsymbol{X}$ 称为 $\boldsymbol{X}$ 的第 k 个主成分。

至此，n 维空间 n 个主成分已定义。为了便于理解，下面仅以二维空间为例，直观地说明主成分的含义。

设两个随机变量取值的一组样本如图 4-1 所示。在二维空间内，根据这组样本可以确定两个主成分。如图 4-1 中的 Z_1 和 Z_2。Z_1 为第一主成分，其指标取值（样本）沿 Z_1 方向对样本的区分能力最大，即 Z_1 可在很大程度上综合由原来 X_1、X_2 两个指标反映的信息。与 Z_1 不相关（即垂直）且使沿该方向样本分布范围最大者为 Z_2，故 Z_2 为第二主成分。

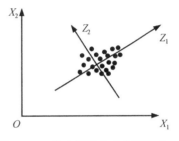

图 4-1 二维空间的主成分示意图

4.3.2.2 主成分计算

设 $\boldsymbol{X}$ 为 n 维空间的随机变量，且 $E(\boldsymbol{X}) = 0$，$\boldsymbol{\sigma} = E(\boldsymbol{X}\boldsymbol{X}^{\mathrm{T}})$，则有：

$$\boldsymbol{\sigma} = E(\boldsymbol{X}\boldsymbol{X}^{\mathrm{T}}) = E(\boldsymbol{X})E(\boldsymbol{X}^{\mathrm{T}}) + \mathrm{Cov}(\boldsymbol{X}\boldsymbol{X}^{\mathrm{T}}) = \mathrm{Cov}(\boldsymbol{X}\boldsymbol{X}^{\mathrm{T}})$$

即 $\boldsymbol{\sigma}$ 为一实对称的 n 阶协方差矩阵，可以证明 $\boldsymbol{\sigma}$ 具有 n 个大于零的特征根，记为 $\lambda_1 \geqslant \lambda_2 \geqslant \cdots \lambda_n \geqslant 0$，则 $\boldsymbol{X}$ 的第 k 个主成分 $Z_k = \boldsymbol{\alpha}_k^{\mathrm{T}} \boldsymbol{X}$ 的线性系数 $\boldsymbol{\alpha}_k^{\mathrm{T}}$ 为 $\boldsymbol{\sigma}$ 的第 k 个特征根 λ_k 的单纯化特征向量，如此可求得 n 个主成分。

4.3.2.3 样本的主成分计算

设 n 个随机变量（n 个指标）取得的一组样本如表 4-1 所示。

表 4-1 n 个指标取值的一组样本数据

样本	样本			
	X_1	X_2	$\cdots$	X_n
1	Y_{11}	Y_{12}	$\cdots$	Y_{1n}
2	Y_{21}	Y_{22}	$\cdots$	Y_{2n}
$\vdots$	$\vdots$	$\vdots$		$\vdots$
m	Y_{m1}	Y_{m2}	$\cdots$	Y_{mn}

(1)首先,对样本进行标准化处理。其计算式为:

$$X_{ij} = \frac{Y_{ij} - \overline{Y}_j}{S_j}$$

其中

$$\overline{Y}_j = \frac{1}{m} \sum_{i=1}^{m} Y_{ij} \quad (j = 1, 2, \cdots, n)$$

$$S_j^2 = \frac{1}{m-1} \sum_{i=1}^{m} (Y_{ij} - \overline{Y}_j)^2 \quad (j = 1, 2, \cdots, n)$$

标准化处理的作用有:①消除原来各指标的量纲,使各指标之间具有可比性;②使标准化后的样本满足 $E(\boldsymbol{X}) = 0$。可以证明,标准化后的样本满足 $E(\boldsymbol{X}) = 0, D(\boldsymbol{X}) = 1$。

(2)其次,利用标准化后的样本估计 $\boldsymbol{\sigma}$。由 $\boldsymbol{\sigma} = E(\boldsymbol{XX}^{\mathrm{T}}) = \mathrm{Cov}(\boldsymbol{XX}^{\mathrm{T}})$ 可知,此处的工作就是通过样本估计总体的协方差矩阵。可以证明下述两种估计都是无偏估计:

$$\sigma_{ij} = \frac{1}{m-1} \sum_{k=1}^{m} (X_{ki} X_{kj}) \quad (i, j = 1, 2, \cdots, n)$$

$$\sigma_{ij} = \frac{\sum_{k=1}^{m} (X_{ki} X_{kj})}{\sqrt{\sum_{k=1}^{m} X_{ki}^2 \sum_{k=1}^{m} X_{kj}^2}} \quad (i, j = 1, 2, \cdots, n)$$

于是,得到一种实对称的协方差矩阵 $\boldsymbol{\sigma}$。

(3)计算各主成分。根据前面得到的协方差矩阵 $\boldsymbol{\sigma}$ 即可得到 n 个非负特征根 $\lambda_1 \geqslant \lambda_2 \geqslant \cdots \lambda_n \geqslant 0$,从而得到 n 个单位化特征向量,构成一个正交矩阵,记为 $\boldsymbol{\alpha}$,则有:

$$\boldsymbol{\alpha} = \begin{bmatrix} \alpha_{11} & \alpha_{12} & \cdots & \alpha_{1n} \\ \alpha_{21} & \alpha_{22} & \cdots & \alpha_{2n} \\ \vdots & \vdots & & \vdots \\ \alpha_{n1} & \alpha_{n2} & \cdots & \alpha_{mm} \end{bmatrix}$$

α_{ij} 中的 i 为第 i 个主分量,j 为第 j 个主分量。

对于 m 个样本中的第 k 个样本,根据 $\boldsymbol{Z}_k = \boldsymbol{\alpha}_k^{T} \boldsymbol{X}$,则可得到 n 个主成分如下:

$$\begin{bmatrix} Z_{k1} \\ Z_{k2} \\ \vdots \\ Z_{kn} \end{bmatrix} = \begin{bmatrix} \alpha_{11} & \alpha_{12} & \cdots & \alpha_{1n} \\ \alpha_{21} & \alpha_{22} & \cdots & \alpha_{2n} \\ \vdots & \vdots & & \vdots \\ \alpha_{n1} & \alpha_{n2} & \cdots & \alpha_{nn} \end{bmatrix} \begin{bmatrix} X_{k1} \\ X_{k2} \\ \vdots \\ X_{kn} \end{bmatrix}$$

对于全部的 m 个样本,则有:

$$\begin{bmatrix} Z_{11} & Z_{21} & \cdots & Z_{m1} \\ Z_{12} & Z_{22} & \cdots & \alpha_{m2} \\ \vdots & \vdots & & \vdots \\ Z_{1n} & Z_{2n} & \cdots & Z_{mn} \end{bmatrix} = \begin{bmatrix} \alpha_{11} & \alpha_{12} & \cdots & \alpha_{1n} \\ \alpha_{21} & \alpha_{22} & \cdots & \alpha_{2n} \\ \vdots & \vdots & & \vdots \\ \alpha_{n1} & \alpha_{n2} & \cdots & \alpha_{nn} \end{bmatrix} \begin{bmatrix} X_{11} & X_{12} & \cdots & X_{m1} \\ X_{12} & X_{22} & \cdots & X_{m2} \\ \vdots & \vdots & & \vdots \\ X_{1n} & X_{2n} & \cdots & X_{mn} \end{bmatrix}$$

即:
$$\boldsymbol{Z}_0^{\mathrm{T}} = \boldsymbol{\alpha}\boldsymbol{X}_0^{\mathrm{T}}$$

整理得:
$$\boldsymbol{Z}_0 = \boldsymbol{X}_0\boldsymbol{\alpha}^{\mathrm{T}}$$

式中　$\boldsymbol{Z}_0$——样本主成分;

$\boldsymbol{X}_0$——标准化的样本。

至此,可以把由原来研究 $\boldsymbol{X}_0$ 转化为研究 $\boldsymbol{Z}_0$ 的问题,并且 $\boldsymbol{Z}_0$ 中的各主成分是线性无关的。但是 $\boldsymbol{Z}_0$ 只是将原来的线性相关的一组随机变量转化为线性无关的随机变量,其主成分仍为 n 个,并没有减少指数的数量。下面介绍如何减少主成分的个数,将多指标分析转化为少数指标分析的问题,并且在研究少数指标的变化规律后,再通过这少数几个指标将原始的 n 个指标计算出来,达到分析的目的。

4.3.3　样本主成分选择及原指标对主成分的回归

4.3.3.1　主成分选择

为了合理地选择少数几个主成分来有效地描述原来 n 个指标所构成的一组样本,要引入主成分贡献率的概念及其计算方法。

若 λ_i 为协方差矩阵 $\boldsymbol{\sigma}$ 的第 i 个特征根,则 $\lambda_k \Big/ \sum\limits_{i=1}^{n}\lambda_i$ 为第 k 个主要成分的贡献率;
$\sum\limits_{i=1}^{r}\lambda_i \Big/ \sum\limits_{i=1}^{n}\lambda_i$ 为前 r 个主成分的累计贡献率。

样本前 r 个主成分的累计贡献率表明了前 r 个主成分能够反映原样本信息量的程度。当其达到一定水平时,说明采用前 r 个主成分来描述原样本所包含的信息量已经可以达到要求。 例如,当 $n=5, \lambda_1=3.0, \lambda_2=1.5, \lambda_3=0.3, \lambda_4=0.15, \lambda_5=0.05$ 时,$(\lambda_1+\lambda_2)\Big/ \sum\limits_{i=1}^{5}\lambda_i = (3.0+1.5)/(3.0+1.5+0.3+0.15+0.05) = 0.9$,说明前两个主成分即能反映原来 5 个指标 90% 的信息量,从而在一定水平下可将多个指标转换成用少数几个指标来处理分析、研究、预测和评价的工作,并得到有关总体的结论。但是有时运用这个研究结果时,还需知道它们所对应的原始的 n 个指标的取值,因此,还要给出根据已知主成分求原始指标的方法。

4.3.3.2　原指标对主成分的回归

设 $\boldsymbol{X}$ 为原指标列向量,$\boldsymbol{Z}$ 为主成分列向量,则原指标对主成分的回归问题即为

在 $X=BZ$ 中如何确定回归系数矩阵 B 的问题。

由 $Z=\alpha X$ 可得 $\alpha^{T}Z=\alpha^{T}\alpha X$，因 α 为正交矩阵，故 $\alpha^{T}=\alpha^{-1}$，即 $\alpha^{T}\alpha=\alpha^{-1}\alpha=I$，所以 $Z=\alpha X$ 变为 $X=\alpha^{T}Z$，即回归系数矩阵 $B=\alpha^{T}$，于是可以根据主成分反求原指标。

当取其前 r 个主成分时，$Z=\alpha X$ 为：

$$
\begin{bmatrix} X_1 \\ X_2 \\ \cdots \\ X_n \end{bmatrix} = \begin{bmatrix} \alpha_{11} & \alpha_{21} & \cdots & \alpha_{r1} \\ \alpha_{12} & \alpha_{22} & \cdots & \alpha_{r2} \\ \vdots & \vdots & \vdots & \vdots \\ \alpha_{1n} & \alpha_{2n} & \cdots & \alpha_{rn} \end{bmatrix} \begin{bmatrix} Z_1 \\ Z_2 \\ \vdots \\ Z_r \end{bmatrix}
$$

综上所述，可将多个线性相关的随机变量转换成少数线性无关的随机变量来研究，使被研究的问题简化而实用，且又能根据研究结果推算原指标的取值。

4.3.4 主成分分析的作用及其优缺点

4.3.4.1 主成分分析的作用

概括起来，主成分分析主要有以下几个方面的作用：

(1)主成分分析能降低所研究的数据空间的维数。即用研究 m 维的 Y 空间代替 p 维的 X 空间($m<p$)，而低维的 Y 空间代替高维的 X 空间所损失的信息很少。即使只有一个主成分 Y_1(即 $m=1$)时，这个 Y_1 仍是使用全部 X 变量(p 个)得到的。在所选的前 m 个主成分中，如果某个 X_1 的系数全部近似于零，就可以把这个 X_i 删除，这也是一种删除多余变量的方法。

(2)有时可通过因子负荷 α_{ij} 的结论，弄清 X 变量间的某些关系。

(3)多维数据的一种图形表示方法。当维数大于 3 时便不能画出几何图形，多元统计研究的问题大都多于 3 个变量，要把研究的问题用图形表示出来是不可能的。然而，经过主成分分析后，可以选取前两个主成分或其中某两个主成分，根据主成分的得分，画出 n 个样品在二维平面上的分布图，由图形可直观地看出各样品在主分量中的地位，还可以对样本进行分类处理，可以由图形发现远离大多数样本点的离群点。

(4)由主成分分析法构造回归模型。即把各主成分作为新自变量代替原来自变量 x 作回归分析。

(5)用主成分分析筛选回归变量。回归变量的选择有着重要的实际意义，为了使模型本身易于做结构分析、控制和预报，以便从原始变量所构成的子集合中选择最佳变量，构成最佳变量集合。用主成分分析筛选变量，可以用较少的计算量来选择变量，获得选择最佳变量子集合的效果。

4.3.4.2 主成分分析法的优缺点

(1)优点

①可消除评估指标之间的相关影响。因为主成分分析法在对原始数据指标变量进行变换后形成了彼此相互独立的主成分，而且实践证明指标间相关程度越高，主成分分

析效果越好。

②可减少指标选择的工作量,对于其他评估方法,由于难以消除评估指标间的相关影响,所以选择指标时要花费不少精力,而主成分分析法由于可以消除这种相关影响,所以在指标选择上相对容易些。

③主成分分析中各主成分是按方差大小依次排序的,在分析问题时,可以舍弃一部分主成分,只取前面方差较大的几个主成分来代表原变量,从而减少了计算工作量。用主成分分析法作综合评估时,由于选择的原则是累计贡献率不低于85%,不至于因为节省工作量而把关键指标漏掉,从而影响评估结果。

（2）缺点

①在主成分分析中,首先应保证所提取的前几个主成分的累计贡献率达到一个较高的水平(即变量降维后的信息量须保持在一个较高水平上);其次对于这些被提取的主成分,必须都能够给出符合实际背景和意义的解释(否则主成分将空有信息量而无实际含义)。

②主成分的解释一般多少带有点模糊性,不像原始变量的含义那么清楚、确切,这是变量降维过程中不得不付出的代价。因此,提取的主成分个数 m 通常应明显小于原始变量个数 p(除非 p 本身较小),否则维数降低的"利"可能抵不过主成分含义不如原始变量清楚的"弊"。

③当主成分的因子负荷的符号有正有负时,综合评价函数意义就不明确。

4.4 案例分析

某农业生态经济系统各区域单元的有关数据如表4-2所示。

表 4-2　农业生态经济系统有关数据

样本序号	x_1:人口密度/(人/km²)	x_2:人均耕地面积/hm²	x_3:森林覆盖率/%	x_4:农民人均纯收入/(元/人)	x_5:人均粮食产量/(kg/人)	x_6:经济作物面积占农作物面积比例/%	x_7:耕地面积占土地面积比例/%	x_8:果园与林地面积之比	x_9:灌溉田面积占耕地面积比例/%
1	363.91	0.352	16.101	192.11	295.34	26.724	18.492	2.231	26.262
2	141.5	1.684	24.301	1752.35	452.26	32.314	14.464	1.455	27.066
3	100.7	1.067	65.601	1181.54	207.12	18.266	0.612	7.474	12.489
4	143.74	1.336	33.205	1436.12	354.26	17.486	11.805	1.892	17.534
5	131.41	1.623	16.607	1405.09	586.59	40.683	14.401	0.303	22.932
6	68.337	2.032	76.204	1540.29	216.39	8.128	4.065	0.011	4.861
7	95.416	0.801	71.106	926.35	291.52	8.135	4.063	0.012	4.862
8	62.901	1.652	73.307	1501.24	225.25	18.352	2.645	0.034	3.201
9	86.624	0.841	68.904	897.36	196.37	16.861	5.176	0.055	6.167

续表 4-2

样本序号	x_1：人口密度/(人/km²)	x_2：人均耕地面积/hm²	x_3：森林覆盖率/%	x_4：农民人均纯收入/(元/人)	x_5：人均粮食产量/(kg/人)	x_6：经济作物面积占农作物面积比例/%	x_7：耕地面积占土地面积比例/%	x_8：果园与林地面积之比	x_9：灌溉田面积占耕地面积比例/%
10	91.394	0.812	66.502	911.24	226.51	18.279	5.643	0.076	4.477
11	76.912	0.858	50.302	103.52	217.09	19.793	4.881	0.001	6.165
12	51.274	1.041	64.609	968.33	181.38	4.005	4.066	0.015	5.402
13	68.831	0.836	62.804	957.14	194.04	9.11	4.484	0.002	5.79
14	77.301	0.623	60.102	824.37	188.09	19.409	5.721	5.055	8.413
15	76.948	1.022	68.001	1255.42	211.55	11.102	3.133	0.01	3.425
16	99.265	0.654	60.702	1251.03	220.91	4.383	4.615	0.011	5.593
17	118.505	0.661	63.304	1246.47	242.16	10.706	6.053	0.154	8.701
18	141.473	0.737	54.206	814.21	193.46	11.419	6.442	0.012	12.945
19	137.761	0.598	55.901	1124.05	228.44	9.521	7.881	0.69	12.654
20	117.612	1.245	54.503	805.67	175.23	18.106	5.789	0.048	8.461
21	122.781	0.731	49.102	1313.11	236.29	26.724	7.162	0.092	10.078

步骤如下：

(1)将表 4-2 中的数据作标准差标准化处理，然后将它们代入公式：

$$r_{ij} = \frac{\sum_{k=1}^{n}(x_{ki}-\overline{x}_i)(x_{kj}-\overline{x}_j)}{\sqrt{\sum_{k=1}^{n}(x_{ki}-\overline{x}_i)^2 \sum_{k=1}^{n}(x_{kj}-\overline{x}_j)^2}}$$

计算相关系数矩阵，见表 4-3。

表 4-3　相关系数矩阵

相关系数	x_1	x_2	x_3	x_4	x_5	x_6	x_7	x_8	x_9
x_1	1	−0.327	−0.714	−0.336	0.309	0.408	0.79	0.156	0.744
x_2	−0.33	1	−0.035	0.644	0.42	0.255	0.009	−0.078	0.094
x_3	−0.71	−0.035	1	0.07	−0.74	−0.755	−0.93	−0.109	−0.924
x_4	−0.34	0.644	0.07	1	0.383	0.069	−0.05	−0.031	0.073
x_5	0.309	0.42	−0.74	0.383	1	0.734	0.672	0.098	0.747
x_6	0.408	0.255	−0.755	0.069	0.734	1	0.658	0.222	0.707
x_7	0.79	0.009	−0.93	−0.046	0.672	0.658	1	−0.03	0.89
x_8	0.156	−0.078	−0.109	−0.031	0.098	0.222	−0.03	1	0.29
x_9	0.744	0.094	−0.924	0.073	0.747	0.707	0.89	0.29	1

（2）由相关系数矩阵计算特征值，以及各个主成分的贡献率与累计贡献率（见表4-4）。由表4-4可知，第一、第二、第三主成分的累计贡献率已高达86.596%（大于85%），故只需要求出第一、第二、第三主成分 z_1、z_2、z_3 即可。

表4-4 特征值及主成分贡献率

主成分	特征值	贡献率/%	累计贡献率/%
z_1	4.661	51.791	51.791
z_2	2.089	23.216	75.007
z_3	1.043	11.589	86.596
z_4	0.507	5.638	92.234
z_5	0.315	3.502	95.736
z_6	0.193	2.14	97.876
z_7	0.144	1.071	99.147
z_8	0.0453	0.504	99.65
z_9	0.0315	0.35	100

（3）对于特征值4.661、2.089、1.043分别求出其特征向量，再用相关公式计算各变量在主成分 z_1、z_2、z_3 上的载荷（表4-5）。

表4-5 主成分载荷

变量	z_1	z_2	z_3	占方差的百分比/%
x_1	0.739	−0.532	−0.0061	82.918
x_2	0.123	0.887	−0.0028	80.191
x_3	−0.964	0.0096	0.0095	92.948
x_4	0.0042	0.868	0.0037	75.346
x_5	0.813	0.444	−0.0011	85.811
x_6	0.819	0.179	0.125	71.843
x_7	0.933	−0.133	−0.251	95.118
x_8	0.197	−0.1	0.97	98.971
x_9	0.964	−0.0025	0.0092	92.939

分析：

（1）第一主成分 z_1 与 x_1、x_5、x_6、x_7、x_9 呈现出较强的正相关，与 x_3 呈现出较强的负相关，而这几个变量综合反映了生态经济结构状况，因此可以认为第一主成分 z_1 是生态经济结构的代表。

（2）第二主成分 z_2 与 x_2、x_4、x_5 呈现出较强的正相关，与 x_1 呈现出较强的负相关，其中,除了 x_1 为人口密度外,x_2、x_4、x_5 都反映了人均占有资源量的情况,因此可以认为第二主成分 z_2 代表了人均资源量。

(3)第三主成分 z_3 与 x_8 呈现出的正相关程度最高,其次是 x_6,而与 x_7 呈现负相关,因此可以认为第三主成分 z_3 在一定程度上代表了农业经济结构。

显然,用3个主成分代替原来9个变量描述农业生态经济系统,可以使问题更进一步简化明了。

思 考 题

(1)系统模型有哪些主要特征? 模型化的本质和作用是什么?

(2)什么是模型的真实性?

(3)什么是数学模型? 数学模型分为哪些类型?

(4)试以数学模型为例,说明模型完整性的含义。

(5)系统模型有哪些不同分类方法? 在管理系统工程中,哪些模型更有实用价值?

(6)如何理解各种模型化的基本方法? 它们与不同种类系统模型间是何种关系?

(7)请简述结构分析在系统分析中的地位和作用。

(8)请说明系统结构三种表达方式的特点,并加以比较。

(9)为什么说级位划分是建立多级递阶结构模型的关键工作?

(10)简述主成分分析的基本原理及其在系统分析中的作用。

5 系统结构建模与仿真

5.1 系统结构概述

5.1.1 系统结构的定义

系统结构是系统内部的构成要素间相互联系、相互作用的规律和内在方式,也可以理解成系统联系的全体集合。系统结构的实质就是系统的普遍属性,是组成系统各要素或者子系统之间在定量比率和空间或时间上的联系形式。系统的结构是多种多样的,通常分为以下几种:①数量结构,不同数量的要素与要素间的联系方式构成不同的系统结构;②时序结构,随着时间变化而形成联系的要素组合结构;③空间结构,诸要素在空间上的联系形成的要素组合结构;④逻辑结构,要素按照一定逻辑组合而构成联系的系统结构。

5.1.2 系统结构的特性

(1)稳定性。系统结构的稳定性并非指的是系统结构状态的绝对不变,而是指系统结构受到扰动后,偏离原有的平衡结构状态,但当扰动消失后,系统结构又能逐渐恢复到原有平衡状态的特性,即称系统结构是稳定的或具有稳定性;否则,称系统结构是不稳定的或不具有稳定性。系统结构的稳定性是系统结构内在的一种特性,仅仅取决于系统结构,而与外界环境及外界作用无关。同时,系统结构的稳定可以划分为静态稳定和动态稳定。以化学物质为例,具有正四面体结构的金刚石熔(沸)点高、硬度大,通常情况下很难跟一般的化学试剂发生反应,则可称金刚石分子的系统结构具有静态稳定性;以企业一定时期内的销售系统为例,由于企业的客户数量和对于不同产品的需求量不断变化,使得销售系统结构产生一定的变动,但其却并不会因此而崩溃,则称销售系统结构具有动态稳定性。

(2)层次性。系统结构的层次性是指系统内各个要素在系统结构中表现出的多层次状态,系统结构的层次性也体现了系统结构具有等级、多侧面等特点。与系统具有层次性类似,系统结构的层次性是由于系统结构并不是孤立存在的,而是与周围环境相互作用的,层次性是系统结构本身的一种规律体现,反映了联系关系从简单到复杂的发展过程,层次不同,系统结构也随之发生了改变,因此,在挖掘系统结构的时候必须以分析系统结构的层次性为基础。

(3)相对性。系统结构的相对性是由系统结构的层次性所决定的,在系统结构的无限层次中,高一级的系统结构要素又包含了低一级系统的结构,因此高一级的系统结构层次对低一级的系统结构层次具有较大的制约性,与此同时,低一级的系统结构又是构成高一级系统结构的基础,这种相互关系称为系统结构的相对性。

(4)开放性。任何类型的系统结构都不会是绝对封闭的,也不会是绝对静态的,系统需要与外界交换能量、物质、信息等,系统结构在这种交换过程中,由量变到质变,也就称为系统结构的开放性。

5.1.3 系统结构分析

由于系统内的各组成要素之间存在多种联系方式,有纵向联系、横向联系,还存在错综复杂、纵横交错的联系方式,因此许多系统结构是不清晰的、模糊的,这就需要进一步分析系统结构,并借助一些方法展现、理解系统结构。其中,系统要素及其关系的确定步骤如下:

(1)挑选系统分析人员,系统分析人员需要熟悉系统工程应用领域的知识,通常 10 人左右。

(2)明确问题,明确所研究的系统结构的性质和范围,同时提出所要达到的目标和确切的约束条件。

(3)选择构成问题的要素,通常一个问题可以根据不同的规律划分为许多构成要素,再从问题的构成要素入手通常会降低分析难度。

(4)建立要素之间的关系,与系统类似,每一个要素也并非孤立存在的,而是根据某种联系与其他要素相互作用。系统结构的关系也需要明晰,如因果关系、优先关系等。

5.1.4 系统结构的表述

5.1.4.1 图形表示

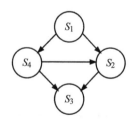

图形表示非常直观、一目了然,但通常无法表示构成要素较多、联系错综复杂的系统结构。设系统的要素集为 $S=\{S_1,S_2,\cdots,S_n\}$,要素之间的关系集为 $R=\{r_{ij}\}$,$r_{ij}=(S_i,S_j)$,其中 S_i、S_j 存在二元关系,则系统 G 可表达成 $G=\{S,R\}$。若系统要素集 $S=\{S_1,S_2,S_3,S_4\}$,对应关系集为 $R=\{r_{12},r_{14},r_{23},r_{42},r_{43}\}$,则该系统结构的对应图形表示如图 5-1 所示。

图 5-1 系统结构图形表示

5.1.4.2 矩阵表示

在系统 (S,R) 中,S 为有限集合时,将 S 的元素作为行和列,构成矩阵 $\boldsymbol{A}$。其中矩阵有两种类型,即邻接矩阵和可达矩阵,前者表示元素之间的直接关系,后者表示元素之间的可达关系。

(1)邻接矩阵。设系统 (S,R) 是一个简单图,它有要素集 $S=\{S_1,S_2,\cdots,S_n\}$,则 n 阶方阵 $\boldsymbol{A}=(a_{ij})$ 称为系统的邻接矩阵。其中:

$$a_{ij}=\begin{cases}1 & (S_i \text{ 与 } S_j \text{ 之间存在关系})\\ 0 & (S_i \text{ 与 } S_j \text{ 之间不存在关系})\end{cases}$$

（2）可达矩阵。设系统(S,R)是一个简单图，它有要素集$S=\{S_1,S_2,\cdots,S_n\}$，则n阶方阵$\boldsymbol{P}=(p_{ij})$称为系统的可达矩阵。其中：

$$p_{ij}=\begin{cases}1 & (S_i \text{ 到 } S_j \text{ 可达})\\ 0 & (S_i \text{ 到 } S_j \text{ 不可达})\end{cases}$$

则图 5-1 所示系统结构对应的矩阵为：

$$\boldsymbol{A}=\begin{bmatrix}0 & 1 & 0 & 1\\ 0 & 0 & 1 & 0\\ 0 & 0 & 0 & 0\\ 0 & 1 & 1 & 0\end{bmatrix}$$

邻接矩阵与可达矩阵都属于布尔矩阵，布尔矩阵即为矩阵中的元素属于 0 或 1 的矩阵。布尔矩阵的计算规则如下所示：
①布尔加法：$0+0=0,0+1=1+0=1+1=1$；
②布尔乘法：$1\times1=1,0\times1=1\times0=0\times0=0$。

5.2　DEMATEL 法

5.2.1　DEMATEL 法概述

决策实验室分析法（Decision Making Trial and Evaluation Laboratory，简称 DEMATEL），是 1971 年瑞士 Bettelle 研究所为了解决现实世界中复杂、困难的问题而提出的方法论，可以借助图论、矩阵等工具计算出系统内各个因素对其他因素的影响度、被影响度，进一步求出每个因素的中心度、原因度，从而获得有意义的分析结果。这种方法是充分利用专家的经验和知识来处理复杂的社会问题，尤其对那些要素关系不确定的系统更为有效。

5.2.2　DEMATEL 法求解步骤

（1）构造直接关系矩阵
采用德尔菲法确定系统内不同因素间的直接影响程度，当评价指标因素数量为N，用$\boldsymbol{X}=(x_{ij})_{n\times n}$表示各要素之间的直接影响关系。直接关系矩阵$\boldsymbol{X}$中，$x_{ij}$表示因素$i$对因素$j$的影响程度。若因素$i$和因素$j$无联系，则$x_{ij}=0$。

（2）规范化直接影响矩阵 G

$$G = \frac{1}{\max\left\{\sum_{i=1}^{n} X_{ij}\right\}} X$$

（3）计算综合影响矩阵

基于直接关系矩阵，根据式(5-1)计算综合影响矩阵 $T=[t_{ij}]_{N\times N}$，综合影响矩阵为直接影响矩阵与间接影响矩阵之和，其中，I 为单位矩阵。

$$T = G + G^2 + \cdots + G^{\infty} = G(I-G)^{-1} \tag{5-1}$$

（4）计算影响度和被影响度

基于矩阵 $T=[t_{ij}]_{N\times N}$，根据式(5-2)、式(5-3)计算影响度 T_r、被影响度 T_c。

$$T_r = \sum_{i=1}^{N} t_{ij} \tag{5-2}$$

$$T_c = \sum_{j=1}^{N} t_{ij} \tag{5-3}$$

（5）计算中心度和原因度

根据式(5-4)、式(5-5)计算中心度 D_i 和原因度 R_i。中心度是指标 i 的影响度与被影响度之和，反映出了指标 i 对于整个系统运作的作用。原因度是指标 i 的影响度与被影响度之差，当原因度 $R_i > 0$ 时，则反映出指标 i 为原因因素，代表指标 i 对其他因素的影响大于其他因素对于 i 的影响；否则，i 则是结果因素，代表指标 i 对其他因素的影响小于其他因素对于 i 的影响。

$$D_i = \sum_{i=1}^{N} t_{ij} + \sum_{j=1}^{N} t_{ij} \tag{5-4}$$

$$R_i = \sum_{i=1}^{N} t_{ij} - \sum_{j=1}^{N} t_{ij} \tag{5-5}$$

（6）绘制因果关系图

以原因度 R_i 为纵轴、中心度 D_i 为横轴绘制因果关系图，由因果关系图可以直观地看出原因因素与结果因素的具体对应指标位置，及各个指标的中心度与原因度大小。

【例5-1】 为了了解影响农产品质量、安全的因素有哪些，进一步改善、保障农产品安全，专家建立了评价体系并划分出九个子因素，分别为产地环境（A_1）、农民认知水平（A_2）、安全生产技术（A_3）、安全加工技术（A_4）、管理水平（A_5）、价格（A_6）、进入市场途径（A_7）、监管力度（A_8）、消费意识（A_9）。这些因素之间相互影响、相互制约，并且直接或者间接地对农产品质量、安全产生影响，难以直接判断哪些因素需要重点解决，哪些因素可以忽略不计，难以有针对性地制定对策。因此，采用 DEMATEL 方法分析这些因素的综合影响，进一步找出其中的关键因素。

在生活与实践中,对于要素的影响关系,最直观的表达为"影响很大、影响大、影响小、影响很小、没有影响",因此选用这一种表达方式作为语义转化术语,具体如表 5-1 所示。

表 5-1 评价语言变量与对应数字转换原则

评价语言变量	对应数字
没有影响	0
影响很小	1
影响小	2
影响大	3
影响很大	4

专家根据自身经验与分析,参照转换原则对上述因素进行打分。基于专家打分得到的原始数据,根据式(5-1)计算得到综合影响矩阵结果见表 5-2,并根据进一步的计算得到各个因素的影响度、被影响度、中心度和原因度,结果见表 5-3,并可以根据 DEMATEL 计算结果画出因果分析图,结果见图 5-2。

表 5-2 综合影响矩阵

影响因素	A_1	A_2	A_3	A_4	A_5	A_6	A_7	A_8	A_9
A_1	0.138	0.000	0.017	0.397	0.000	0.155	0.052	0.000	0.000
A_2	0.241	0.000	0.489	0.236	0.000	0.397	0.466	0.000	0.000
A_3	0.414	0.000	0.052	0.19	0.000	0.466	0.155	0.000	0.000
A_4	0.414	0.000	0.052	0.19	0.000	0.466	0.155	0.000	0.000
A_5	0.000	0.000	0.000	0.000	0.000	0.000	0.000	0.000	0.000
A_6	0.103	0.000	0.138	0.172	0.000	0.241	0.414	0.000	0.000
A_7	0.310	0.000	0.414	0.517	0.000	0.724	0.241	0.000	0.000
A_8	0.655	0.000	0.374	0.592	0.000	0.362	0.121	0.000	0.000
A_9	0.310	0.000	0.414	0.517	0.000	0.724	0.241	0.000	0.000

表 5-3 DEMATEL 法求解结果

影响因素	影响度	被影响度	中心度	原因度
A_1	0.759	2.586	3.345	−1.828
A_2	1.828	0.000	1.828	1.828
A_3	1.276	1.948	3.224	−0.672
A_4	1.276	2.810	4.086	−1.534
A_5	0.000	0.000	0.000	0.000
A_6	1.069	3.534	4.603	−2.466
A_7	2.207	1.845	4.052	0.362
A_8	2.103	0.000	2.103	2.103
A_9	2.207	0.000	2.207	2.207

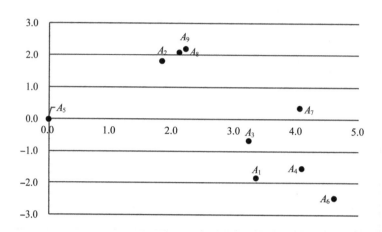

图 5-2　因果分析图

依据图 5-2 不难看出,影响农产品质量、安全的因素按原因大小排序依次为:消费意识(A_9)、监管力度(A_8)、农户认知水平(A_2)、进入市场途径(A_7)。原因因素是提高农产品质量、保障安全的关键因素,是首要应该关注和解决的问题。

农产品质量、安全风险即结果因素,按作用大小依次排序为:产地环境(A_1)、安全生产技术(A_3)、安全加工技术(A_4)、价格(A_6)。结果因素受其他因素影响而间接作用于农产品安全,可以解决影响它们的源头问题从而进一步改善农产品质量。

5.3　ISM 法

解释结构模型(Interpretative Structural Modeling Method,ISM) 是美国华费尔特教授于 1973 年为分析复杂的社会经济系统有关问题而开发的一种方法。其基本思想是:通过各种创造性技术,提取问题,把复杂的系统分解为若干子系统(要素),利用有向图、矩阵等工具和计算机技术,对要素及其相互关系等信息进行处理,最后用文字加以解释说明,最终将系统构造成一个多级递阶的结构,从而提高对问题的认识和理解程度。

ISM 属于概念模型,它可以把模糊不清的思想、看法转化为直观的具有良好结构关系的模型,应用面十分广泛,适用于认识和处理各类社会经济系统的问题以及企业、个人范围内的问题。它在系统工程的所有阶段(明确问题、确定目标、计划、分析、综合、评价、决策)都能应用,尤其对统一意见很有效。一般来讲,适用于 ISM 法的准则有如下几个:①想抓住问题的本质;②想找到解决问题的有效对策;③想得到多数人的同意,等。

ISM 法的操作步骤包含提出问题、选择构成问题的要素、建立要素之间的关系,形成某种形式的“信息库”;然后根据要素间关系的传递性,通过邻接矩阵的计算或逻辑推断,得到可达矩阵;最后将可达矩阵进行分解、缩约和简化处理,得到反映系统递阶结构的骨架矩阵,据此绘制要素间多级递阶有向图,形成递阶结构模型。通过对要素的解释说明,建立起反映系统问题某种二元关系的解释结构模型。

5.3.1 基本概念

假设某系统 X 的要素集为 $X=\{s_1,s_2,\cdots,s_n\}$，系统的可达矩阵为 $\boldsymbol{M}=(m_{ij})_{n\times n}$。

(1)有向连接图。有向图形是系统中各要素之间的联系情况的一种模型化描述方法，其要素用节点 s_i 表示，要素之间的关系用带箭头的边表示，则该系统可以构成有向连接图，如图 5-3 所示。

回路是指两个以上元素之间具有有向线段首尾相连的有向连接图，如图 5-3 所示。

(2)邻接矩阵。邻接矩阵($\boldsymbol{A}$)是表示系统要素间基本二元关系或直接联系情况的方阵。若 $\boldsymbol{A}=(a_{ij})_{n\times n}$，定义邻接矩阵 $\boldsymbol{A}$ 为：

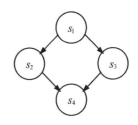

图 5-3　有向连接图

$$a_{ij}=\begin{cases}1 & (s_i \text{ 对 } s_j \text{ 有影响})\\ 0 & (s_i \text{ 对 } s_j \text{ 无影响})\end{cases}$$

(3)可达矩阵。所谓可达矩阵 $\boldsymbol{M}$，就是系统要素之间任意次传递性二元关系或有向图上两个节点之间通过任意长的路径可以到达情况的方阵。

①没有回路的上位集。要素 s_i 没有回路的上位集记作 $A(s_i)$，其中 $A(s_i)$ 中的要素与 s_i 无关，而 s_i 与 $A(s_i)$ 中的要素有关，即有向图上从 s_i 到 $A(s_i)$ 存在有向边，而从 $A(s_i)$ 到 s_i 却不存在有向边。

②有回路的上位集。要素 s_i 有回路的上位集记作 $B(s_i)$，其中 $B(s_i)$ 中的要素与 s_i 有关，s_i 与 $B(s_i)$ 中的要素也有关，即有向图上从 s_i 到 $B(s_i)$ 存在有向边，而从 $B(s_i)$ 到 s_i 也存在有向边。

③无关集。要素 s_i 的无关集记作 $C(s_i)$，其中 $C(s_i)$ 中的要素与 s_i 无关，s_i 与 $C(s_i)$ 中的要素也无关，即有向图上从 s_i 到 $C(s_i)$ 没有有向边存在，而从 $C(s_i)$ 到 s_i 也没有有向边存在。

④下位集。要素 s_i 的下位集记作 $D(s_i)$，其中 $D(s_i)$ 中的要素与 s_i 有关，s_i 与 $D(s_i)$ 中的要素无关，即有向图上从 s_i 到 $D(s_i)$ 没有有向边存在，而从 $D(s_i)$ 到 s_i 存在有向边。

图 5-4 反映了要素 s_i 与 $A(s_i)$、$B(s_i)$、$C(s_i)$ 和 $D(s_i)$ 之间的关系。

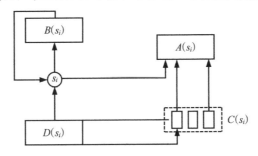

图 5-4　要素 s_i 及其上位集、无关集和下位集之间的关系图

(4)可达集合。要素 s_i 的上位集(包含没有回路的上位集 $A(s_i)$ 和有回路的上位集 $B(s_i)$ 又称为可达集合，记作 $L(s_i)=\{s_j\in X \,|\, m_{ij}=1\}$。从有向图上看，即为从 s_i 节点出

发能够到$L(s_i)$节点的集合。

(5)先行集合。与可达集合相对应,要素s_i的下位集又称为先行集合,记作$F(s_i)=\{s_j\in X|m_{ij}=1\}$。先行集合又被称为前向集合。从有向图上看,即是所有可到达s_i节点的$F(s_i)$节点的集合。

5.3.2 ISM 法建模步骤

ISM 方法的作用是利用系统要素之间已知但凌乱的关系,揭示出系统的内部结构。ISM 法建模基本步骤如图 5-5 所示。

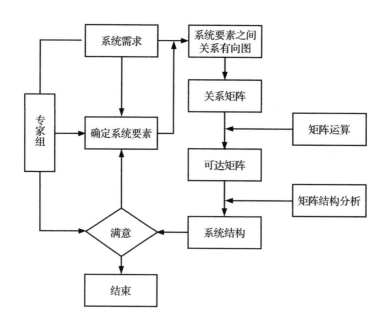

图 5-5 ISM 法建模基本步骤

(1)建立系统要素关系表,并据此建立邻接矩阵

由图 5-5 可知,实施 ISM 技术,首先是提出问题,组建 ISM 实施小组,小组成员一般由方法技术专家、协调人及参与者组成。通过专家小组成员相互讨论或采用德尔菲法确定系统要素及其相关关系。

根据确定的系统要素关系表,判断两要素之间的因果关系,即判断s_i与s_j是否相关。如果s_i与s_j存在"明显"的因果关系,则取"1",否则,取"0";对自身的影响取"0"。这样即可构造出系统的邻接矩阵A。

(2)通过矩阵运算求出该系统的可达矩阵

对于一个有n个要素的系统来说,要构造一个n阶的可达矩阵,可以利用邻接矩阵A加上单位矩阵I,最多经过$(n-1)$次矩阵验算后可以得到可达矩阵。

用$A_k=(A+I)^k$表示系统中最长有k条路径可达的矩阵,根据布尔矩阵运算法则,可以证明$(A+I)^2=I+A+A^2$,同理可以证明$(A+I)^k=I+A+A^2+\cdots+A^k$。

如果系统A满足条件:$(A+I)^{k-1}\neq(A+I)^k=(A+I)^{k+1}=M$,则称$M$为系统$A$的

可达矩阵。

(3)可达矩阵进行区域分解和级间分解

基于可达矩阵,将系统的要素分解为几个相互无联系或联系极少的区域,具体操作如下:

①确定各要素的可达集合和先行集合。依据可达集合和先行集合的定义,确定系统中各要素的可达集合和先行集合。

②分析要素的共同集合。系统要素的共同集合记为 T,其中 $T=\{s_i \in X \mid L(s_i)$ $\bigcap F(s_i)\}$,T 中的要素为底层要素。

③区域划分。区域划分就是把要素之间的关系分为可达与不可达,并且判断这些要素的连通性,即把系统分为有关系的几个部分或子部分。

分析 T 中的要素,并且找出与它们在同一部分的要素。如果要素在同一部分内,则它们的可达集的交集非空。即对于要素 s_i 和 s_j 而言,若 $L(S_i) \bigcap L(S_j)=\varnothing$,则它们分别属于两个连通域;否则它们属于同一连通域。

经这样运算,可将系统 X 划分为若干个区域,记为 $\prod(X)=(P_1, P_2, \cdots, P_m)$,其中 m 为分区数目。

【例 5-2】 假设某系统经过布尔运算得出的可达矩阵如下:

$$M=\begin{matrix} & \begin{matrix} 1 & 2 & 3 & 4 & 5 & 6 & 7 \end{matrix} \\ \begin{matrix} 1 \\ 2 \\ 3 \\ 4 \\ 5 \\ 6 \\ 7 \end{matrix} & \begin{bmatrix} 1 & 0 & 0 & 0 & 0 & 0 & 0 \\ 1 & 1 & 0 & 0 & 0 & 0 & 0 \\ 0 & 0 & 1 & 1 & 1 & 1 & 0 \\ 0 & 0 & 0 & 1 & 1 & 1 & 0 \\ 0 & 0 & 0 & 0 & 1 & 0 & 0 \\ 0 & 0 & 0 & 1 & 1 & 1 & 0 \\ 1 & 1 & 0 & 0 & 0 & 0 & 1 \end{bmatrix} \end{matrix}$$

为了对 M 进行区域分解,计算系统中各要素的可达集合和先行集合,以及二者的共同集合,如表 5-4 所示。

表 5-4　可达集合、先行集合和共同集合

i	$L(s_i)$	$F(s_i)$	$L(s_i)\bigcap F(s_i)$
1	1	1,2,7	1
2	1,2	2,7	2
3	3,4,5,6	3	3
4	4,5,6	3,4,6	4,6
5	5	3,4,5,6	5
6	4,5,6	3,4,6	4,6
7	1,2,7	7	7

由表 5-1 知 $T = \{s_3, s_7\}$。由于 $L(s_3) \bigcap L(s_7) = \emptyset$，所以 s_3 与 s_7 分别属于两个区域中。

另外，由于 s_4, s_5 和 s_6 的可达集合与 s_3 的可达集合交集非空，所以 s_4, s_5, s_6 和 s_3 在同一区域。同理，s_1, s_2 和 s_7 在同一区域，故整个系统可划分为两个区域：

$$\prod(X) = (P_1, P_2)$$

其中，$P_1 = \{s_3, s_4, s_5, s_6\}$，$P_2\{s_1, s_2, s_7\}$。

依据区域划分的结构，可将可达矩阵中的要素进行重新排列，得到矩阵 $\boldsymbol{M}_H$。与矩阵 $\boldsymbol{M}$ 不同，矩阵 $\boldsymbol{M}_H$ 的结构更为清晰。

$$\boldsymbol{M}_H = \begin{array}{c} \\ 3 \\ 4 \\ 5 \\ 6 \\ 1 \\ 2 \\ 7 \end{array} \begin{array}{ccccccc} 3 & 4 & 5 & 6 & 1 & 2 & 7 \\ \begin{bmatrix} 1 & 1 & 1 & 1 & 0 & 0 & 0 \\ 0 & 1 & 1 & 1 & 0 & 0 & 0 \\ 0 & 0 & 1 & 0 & 0 & 0 & 0 \\ 0 & 1 & 1 & 1 & 0 & 0 & 0 \\ 0 & 0 & 0 & 0 & 1 & 0 & 0 \\ 0 & 0 & 0 & 0 & 1 & 1 & 0 \\ 0 & 0 & 0 & 0 & 1 & 1 & 1 \end{bmatrix} \end{array}$$

(4)区域内级间划分

级间划分就是将系统中的所有要素，划分成不同级(层次)。

依据可达集合和先行集合的定义，可知在一个多级结构中，系统的最高级要素的可行集只能由其本身和其强连接要素组成。所谓两要素的强连接，是指这两个要素互为可达的，在有向连接图中表现为都有连线指向对方。具有强连接性的要素称为强连接要素。另一方面，最高级要素的先行集也只能由其本身和结构中的下一级可能达到该要素以及要素的强连接元素构成。因此，系统的最高级要素 s_i 必须满足以下条件：

$$L(s_i) \bigcap F(s_i) = L(s_i)$$

找出最上级要素后，在可达矩阵中划出它们，然后继续寻找划出后的最高级要素，直至划出了所有要素。级间分解的步骤可归纳如下：

第 1 步，如 $L(s_i) \bigcap F(s_i) = L(s_i)$，则 s_i 属于最高级要素。

第 2 步，在可达矩阵 $\boldsymbol{M}$ 中划去该要素所对应的行和列，重复上一步骤得到次一级要素。

第 3 步，对所有要素分级。

第 4 步，根据分级的先后次序重新对矩阵进行排列。

根据以上级间分解原理和方法来对前面经过区域分解的分块可达矩阵 $\boldsymbol{M}_H$ 中的区域 P_1 和 P_2 进行分级。

【**例 5-3**】 取表 5-4 中 $i=3,4,5,6$ 的部分可得表 5-5。依据表 5-5 进行区域层及分析。

表 5-5　要素 s_3, s_4, s_5, s_6 **可达集合、先行集合和共同集合**

i	$L(s_i)$	$F(s_i)$	$L(s_i) \bigcap F(s_i)$
3	3,4,5,6	3	3
4	4,5,6	3,4,6	4,6
5	5	3,4,5,6	5
6	4,5,6	3,4,6	4,6

【**解**】　（1）
$$L_1 = \{s_i \in P_1 \mid L(s_i) \bigcap F(s_i) = L(s_i)\}$$
$$= \{s_i \in \{s_3, s_4, s_5, s_6\} \mid L(s_i) \bigcap F(s_i) = L(s_i)\}$$
$$= \{s_5\}$$

即最高级要素为 s_5，剩余要素为：

$$\{P - L_1\} = \{s_3, s_4, s_5, s_6\} - \{s_5\} = \{s_3, s_4, s_6\}$$

计算剩余要素的可达集合、先行集合及共同集合，见表 5-6。

表 5-6　要素 s_3, s_4, s_6 **可达集合、先行集合和共同集合**

i	$L(s_i)$	$F(s_i)$	$L(s_i) \bigcap F(s_i)$
3	3,4,6	3	3
4	4,6	3,4,6	4,6
6	4,6	3,4,6	4,6

（2）
$$L_2 = \{s_i \in P_1 - L_1 \mid L(s_i) \bigcap F(s_i) = L(s_i)\}$$
$$= \{s_i \in \{s_3, s_4, s_6\} \mid L(s_i) \bigcap F(s_i) = L(s_i)\}$$
$$= \{s_4, s_6\}$$

即第二级要素为 s_4 和 s_6，剩余要素为 s_3：

$$\{P - L_1 - L_2\} = \{s_3, s_4, s_5, s_6\} - \{s_5\} - \{s_4, s_6\} = \{s_3\}$$

计算剩余要素 s_3 的可达集合、先行集合和共同集合，见表 5-7。

表 5-7　要素 s_3 **的可达集合、先行集合和共同集合**

i	$L(s_i)$	$F(s_i)$	$L(s_i) \bigcap F(s_i)$
3	3	3	3

（3）
$$L_3 = \{s_i \in P_1 - L_1 - L_2 \mid L(s_i) \bigcap F(s_i) = L(s_i)\}$$
$$= \{s_i \in \{s_3\} \mid L(s_i) \bigcap F(s_i) = L(s_i)\}$$
$$= \{s_3\}$$

即第二级要素为s_3,剩余要素为:

$$\{P-L_1-L_2-L_3\}=\{s_3,s_4,s_5,s_6\}-\{s_5\}-\{s_4,s_6\}-\{s_3\}=\varnothing$$

至此,所有要素均被分级。故区域P_1共分为三级,第一级元素为s_5;第二级元素为s_4,s_6;第三级元素为s_3。

同理,可将区域P_2进行分级,则可得第一级为s_1,第二级为s_2,第三级为s_7,用公式表达为:

$$P_1=\{L_1^1,L_2^1,L_3^1\}=\{s_5\},\{s_4,s_6\},\{s_3\}$$
$$P_2=\{L_1^2,L_2^2,L_3^2\}=\{s_1\},\{s_2\},\{s_7\}$$

依据层级分解的结果,将可达矩阵$\boldsymbol{M}_H$按级变位得$\boldsymbol{M}_H'$:

$$\boldsymbol{M}_H'=\begin{array}{c} \\ 5\\4\\6\\3\\1\\2\\7\end{array}\begin{array}{c}5\ 4\ 6\ 3\ 1\ 2\ 7\\ \begin{bmatrix}1&0&0&0&0&0&0\\1&1&1&0&0&0&0\\1&1&1&0&0&0&0\\1&1&1&1&0&0&0\\0&0&0&0&1&0&0\\0&0&0&0&1&1&0\\0&0&0&0&1&1&1\end{bmatrix}\end{array}$$

需要注意的是:对于结构不太复杂的系统,级间分解可直接在可达矩阵上进行。首先找出矩阵元素全部为1的各列,把该列与其相对应的行抽去,作为第一级,然后得到新的缩减矩阵$\boldsymbol{M}'$;再用同样方法找出矩阵元素全部为1的新一列,再抽出其相应的列与行,作为第二级;如此重复下去,直到分解完为止。

(5)建立系统结构模型

在区域划分和级间分解的基础上,可求解结构模型。求解结构模型就是要建立结构矩阵,这个结构矩阵主要用来反映系统多级递阶结构的问题,使系统层次分明,结构清晰。

根据上述级间划分的各级要素,按由高到低的顺序重新排列可达矩阵,若有两要素行与列要素全相同,则二者构成一回路,选择其一即可,得到缩减可达矩阵,再根据缩减可达矩阵建立结构模型。

5.4 系统仿真分析法

系统仿真是基于控制理论、相似理论、信息处理技术和计算机技术等理论基础,以计算机和其他专用物理效应设备为工具,利用系统模型真实或假想的系统进行试验,并借助于专家的经验知识、统计数据和历史数据与试验结果进行分析研究,做出决定的一个全面和试验性学科。

5.4.1 系统仿真的概述

"模拟"这个词有时被翻译成"仿真",意思是"模仿真实世界"。"模拟"是将一个物理或抽象系统的某些行为特征,用另一个系统来表达的过程。系统仿真是系统分析的基础,每个因素的目的在于分析系统的属性及其相互关系,在此基础上建立描述系统结构或行为过程和具有一定逻辑关系的仿真模型,在试验的基础上定量分析,以获得正确决策所需的各种信息。

5.4.2 系统仿真的实质

系统仿真是建立系统的模型(数学模型、物理模型或数学-物理效应模型),并对模型进行试验。这里的系统包括土建、机械、电子、液压、声学、热力等技术系统,以及社会、经济、生态、生物、管理等非技术系统。在工程技术领域中,系统仿真是通过系统模型试验对已经存在或正在设计的系统进行研究。系统仿真以数学逻辑模型为基础,能够描述和分析一个按照一定的决策原则或运行规则从一种状态转换为另一种状态的系统。对于一些现实世界中的问题,可以通过仿真来创建模型,使人们对问题有更深入的理解。从本质上讲,系统仿真包括三个基本要素:系统、模型和计算机。涉及这三个要素的基本活动是系统建模、仿真建模和仿真试验,如图 5-6 所示。

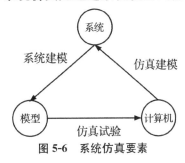

图 5-6 系统仿真要素

5.4.3 系统仿真的作用

(1)系统仿真是系统收集和积累信息的过程。对于大量的实际问题,从经济性、安全性和非回溯性的角度对真实系统进行仿真。获取相关信息的唯一途径就是进行系统仿真。

(2)仿真辅助决策。仿真模型可以对复杂系统的信息进行仿真和处理,从而成功地解决预测、分析、评价和决策等系统问题。

(3)仿真可以启发新的思路、产生新的策略,及时发现现实系统中可能出现的问题并提出解决方案。

(4)仿真可以通过降阶、投影等方式简化和降低系统的复杂性。

(5)仿真是一种人工试验手段。仿真试验与真实系统试验的区别在于,仿真试验不是基于真实环境,而是作为真实系统图像的系统模型和相应的"人工"环境进行的。这是仿真的主要功能。

(6)仿真的过程是试验的过程,也是系统地收集和积累信息的过程。特别是对于一些复杂的随机问题,应用仿真技术是提供所需信息的唯一途径。

5.4.4 系统仿真的一般步骤

系统仿真的一般步骤围绕仿真的三项基本活动展开,主要是分析系统结构、模型运行过程和结果分析,如图 5-7 所示。

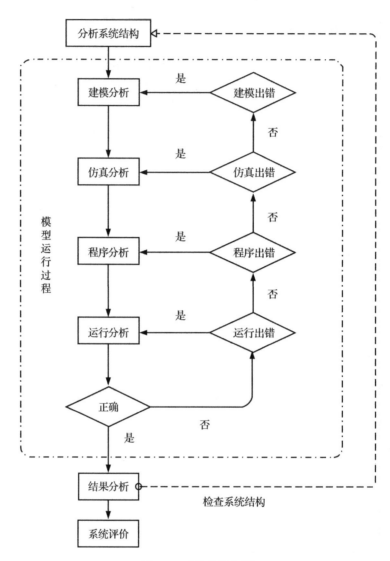

图 5-7 系统仿真步骤

(1)分析系统结构。仿真是基于系统模型的活动,所以首先就是要针对实际的系统,分析其系统的关联度、运作特点等结构,这是系统仿真建模的核心重点。

(2)建模分析。基于建立模型的思维方式,通常根据系统的结构和系统的先验性知识、仿真目的和试验数据来确定系统数学模型的结构、框架和参数,模型的繁简程度应与仿真目的相匹配,确保模型的正确性、有效性和仿真的经济性。

(3)仿真分析。根据数学模型的形式、计算机的类型以及仿真目的,将数学模型变成适合于计算机处理的形式,即仿真模型。建立仿真试验框架,并进行模型的正确性验证。

(4)程序分析。设计出能用计算机执行的程序语言来描述所要建立的模型。程序中还要包括仿真试验的设计需要。例如,仿真运行参数、控制参数、输出要求等。早期的仿真往往采用通用的高级程序语言编程,随着仿真技术的发展,一大批适用于不同需要的仿真语言被研发出来,大大减轻了程序设计的工作量。

(5)运行分析。分析模型运行结果是否合适,主要是来验证程序的分析是否正确;如不正确,运行出错,就返回去,从以上几步查找出问题所在,并进行调整修正,直到运行结果正确。

(6)结果分析。根据试验要求对结果做出分析,看与第一步所分析的系统结构是否匹配,与试验预期对比,分析其原因,若相差太大,重新验证第一步的系统结构分析的过程,并做出整理及文档化。

(7)系统评价。根据分析的结果修正数学模型、仿真模型、仿真程序,以优化新的仿真模型试验。

思　考　题

(1)系统结构可以分为哪几种不同的结构?

(2)简述系统要素及其关系确定步骤。

(3)简述 DEMATEL 法的运行步骤。

(4)请举例分析 DEMATEL 法的实际应用情景。

(5)简述结构模型化的主要思想。

(6)一个系统的邻接矩阵为矩阵 A,求 A 的可达矩阵,并对可达矩阵进行分解。

$$A=\begin{bmatrix} 0 & 0 & 1 & 1 & 1 & 0 & 0 \\ 0 & 0 & 0 & 0 & 0 & 1 & 1 \\ 0 & 1 & 0 & 0 & 0 & 0 & 0 \\ 0 & 1 & 0 & 0 & 0 & 0 & 0 \\ 0 & 0 & 0 & 0 & 0 & 1 & 0 \\ 0 & 0 & 0 & 0 & 0 & 0 & 1 \\ 0 & 0 & 0 & 0 & 0 & 0 & 0 \end{bmatrix}$$

(7)系统仿真的要素是什么? 涉及这些要素的基本活动是什么?

(8)系统仿真步骤中,建模分析主要指什么?

(9)系统仿真的一般步骤流程图是怎样的?

6 系统综合评价

6.1 系统综合评价概述

系统评价在管理系统工作中是一个非常重要的环节,尤其对各类重大管理决策是必不可少的。它是决定系统方案"命运"的关键一步,是决策的直接依据和基础。简单来说,系统评价就是全面评定系统的价值。而价值通常被理解为评价主体根据其效用观点对于评价对象满足某种需求的认识,它与评价主体、评价对象所处的环境状况密切相关。因此,系统评价问题是由评价对象(What)、评价主体(Who)、评价目的(Why)、评价时期(When)、评价地点(Where)及评价方法(How)等要素(5W1H)构成的问题复合体。

(1)评价对象是指接受评价的事物、行为或对象系统,如待开发的产品、待建设或建设中的项目等。

(2)评价主体是指评定对象系统价值大小的个人或集体。评价主体根据个人的性格特点以及当时的环境、评价对象的性质以及对未来的展望等因素,对于某种利益和损失有自己独到的感觉和反应,这种感觉和反应就是效用。也就是说,评价主体的个性特点及其所处环境条件,是决定系统评价结果的重要因素。

(3)评价目的即系统评价所要解决的问题和所能发挥的作用。如对新产品开发及项目建设进行系统评价的主要目的是优化产品开发和项目建设方案,更科学、更有效地进行战略决策,并保证产品开发、项目建设等系统工作的成功。除优化之外,系统评价还可起到决策支持、行为解释和问题分析等方面的作用。

(4)评价时期即系统评价在系统开发全过程中所处的阶段。如以企业开发新产品为例,其评价过程一般可分为四个时期:①期初评价。这是在制订新产品开发方案时所进行的评价。其目的是为了收集设计、制造、供销等部门的意见,并从系统总体出发来研讨与方案有关的各种重要问题。例如,新产品的功能、结构是否符合用户的需求或本企业的发展方向,新产品开发方案在技术上是否先进、经济上是否合理,以及所需开发费用及时间等。通过期初评价,力求使开发方案优化并做到切实可行。可行性研究的核心内容实际上就是对系统问题(产品开发、项目建设等)的期初评价。②期中评价。这是指新产品在开发过程中所进行的评价。当开发过程需要较长时间时,期中评价一般要进行数次,主要是验证新产品设计的正确性,并对评价中暴露出来的设计等问题采取必要的对策。③期末评价。这是指新产品开发试制成功,并经鉴定合格后进行的评价。其重点是全面审查新产品各项技术经济指标是否达到原定的各项要求。同时,通过评价为正式投产做好技术上和信息上的准备,并预防可能出现的其他问题。④跟踪评价。为了考察新产品在社会上的实际效果,在其投产后的若干时期内,每隔一定时间对其进行一次评价,以提高该产品的质量,并为进一步开发同类新产品提供依据。

(5)评价地点有两方面的含义:其一是指评价对象所涉及的及其占有的空间,或称评价的范围;其二是指评价主体观察问题的角度和高度,或称评价的立场。

系统评价的方法多种多样。其中比较有代表性的方法是:以经济分析为基础的费用效益分析法、以多指标的评价和定量与定性分析相结合为特点的关联矩阵法、层次分析法和网络分析法。这类方法是系统评价的主体方法,其中关联矩阵法为原理性方法,层次分析法和网络分析法为实用性方法,本章也将重点讨论后两种方法。

总而言之,在系统工程中,评价即评定系统发展有关方案的目的达成度。其过程是评价主体按照一定的工作程序,通过各种系统评价方法的应用,从经初步筛选的多个方案中找出所需的最优或使决策者满意的方案。系统评价的一般过程可见图6-1。

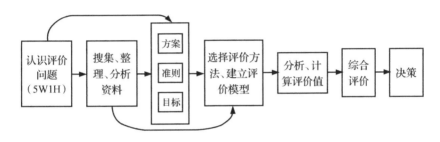

图 6-1　系统评价过程图

系统评价的过程要有坚实的客观基础(如对经济效益的分析计算),同时,评价的最终结果在某种程度上又取决于评价主体及决策者多方面的主观感受。这是由价值的特点所决定的。

6.2　层次分析法(AHP)

人们在对社会生活中的实际问题进行系统分析或评价时,面临的对象是一个由相互关联、相互制约的众多因素构成的复杂系统。层次分析法作为一种简洁、实用的决策方法,为研究这类复杂的系统提供了新的方向。

层次分析法(Analytic Hierarchy Process,AHP)是由美国匹兹堡大学教授萨蒂(T. L. Saaty)于20世纪70年代末提出的一种多层次权重解析法。AHP将定量分析与定性分析结合起来,用决策者的经验判断衡量目标能否实现的各个指标之间的相对重要程度,并合理地给出每个决策方案的每个指标的权数,利用权数求出各方案的优劣次序。通过将人的主观判断用数量形式表达和处理,系统性强,使用灵活、简便,可有效地应用于那些难以用定量方法解决的问题。

6.2.1　AHP的实施步骤

AHP方法根据问题的性质和要达到的总目标,将问题分解为不同的组成因素,又将这些因素按支配关系分组形成递阶层次结构。通过两两比较的方式确定层次中诸因素的相对重要性。然后综合有关专家的判断,确定备选方案相对重要性的总排序。整个过程体现了人们分解—判断—综合的思维特征。

运用 AHP 方法进行评价或决策时,具体的做法分成以下五个步骤:

(1)明确问题,建立层次结构;

(2)两两比较,建立判断矩阵;

(3)进行层次单排序;

(4)进行层次总排序;

(5)一致性检验。

在建立层次结构之前,首先要清楚问题的范围、提出的要求、包含的因素,以及各元素之间的关系,然后根据对问题的了解和初步分析,构造出一个层次分明的结构模型。在这个结构模型下,复杂问题被分解为人们称之为元素的组成部分。这些元素又按其属性分成若干组,形成不同层次。同一层次的元素作为准则对下一层次的某些元素起支配作用,同时它又受上一层次元素的支配。这些层次大体上可以分为以下三类:

(1)最高层:这一层次中只有一个元素,一般它是分析问题的预定目标或理想结果,因此也称目标层。

(2)中间层:这一层次包括为实现目标所涉及的中间环节,它可以由若干个层次组成,包括所需考虑的准则、子准则,因此也称为准则层。

(3)最低层:表示为实现目标可供选择的各种措施、决策方案等,也称为措施层或方案层。

上述各层次之间的支配关系不一定是完全的,即可以存在这样的元素,它并不支配下一层次的所有元素而仅支配其中部分元素。这种自上而下的支配关系所形成的层次结构,称为递阶层次结构。典型的层次结构见图 6-2。

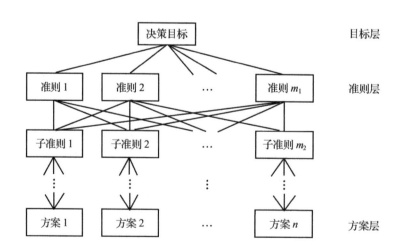

图 6-2 层次结构模型

递阶层次结构中的层次数与问题的复杂程度及需分析的详尽程度有关,一般可以不受限制。每一层次中各元素所支配的元素一般不要超过九个。这是因为支配的元素过多会给两两比较判断带来困难。一个好的层次结构对于解决问题是极为重要的,因而层次结构必须建立在研究者和决策者对所面临的问题有全面深入的认识的基础上。如果在层次的划分和确定层次元素间的支配关系上举棋不定,那么最好重新分析问题,弄清各元素间的相互关系,以确保建立一个合理的层次结构。

递阶层次结构是 AHP 中一种最简单的层次结构形式。有时一个复杂的问题仅仅用递阶层次结构难以表示,这时就要采用更复杂的形式,如循环层次结构、反馈层次结构等,它们都是递阶层次结构的扩展形式。

现举例来说明层次结构的形成。

【例6-1】 某厂预备购买一台计算机,希望功能强、价格低、易维护,现在有 A、B、C 三种机型可供选择,以此构成层次分析图(图6-3)。

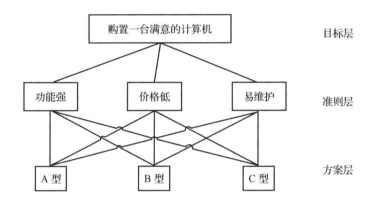

图6-3 购置计算机层次分析图

(1)方案两两比较,建立判断矩阵

在建立了分析层次后,就可以逐层逐项对各元素进行两两比较,利用评分办法比较它们的优劣。在这里,用 A 代表目标层,用 B 代表准则层,用 C 代表方案层。一般可以选择从最下层开始,以图6-2为例,各方案中以准则层的角度来两两进行评比,评比结果用下列判断矩阵中的各元素表示:

$$\begin{bmatrix} b_{11} & b_{12} & \cdots & b_{1n} \\ b_{21} & b_{22} & \cdots & b_{2n} \\ \vdots & \vdots & & \vdots \\ b_{n1} & b_{n2} & \cdots & b_{nn} \end{bmatrix}$$

因为对于单一准则 B 来说,两个方案 C_i 和 C_j 进行对比总能分出优劣来。b_{ij} 代表 C_i 和 C_j 的比值,究竟哪一个方案更重要、重要多少,可按 $1\sim9$ 标度法对重要性进行赋值。表6-1列出了 $1\sim9$ 标度的含义。

表 6-1　1~9 标度的含义

标　度	含　义
1	表示两个元素相比,具有同样的重要性
3	表示两个元素相比,前者比后者稍重要
5	表示两个元素相比,前者比后者明显重要
7	表示两个元素相比,前者比后者强烈重要
9	表示两个元素相比,前者比后者极端重要
2,4,6,8	表示上述相邻判断的中间值
倒数	两个要素相比,后者比前者的重要性标度

这里取 1,3,5,7,9 等数字是为了便于评比,其实 2,4,6,8 等也可以使用。

对于判断矩阵各元素来说,显然有:

$$b_{ji}=\frac{1}{b_{ij}}(i,j=1,2,\cdots,n) \tag{6-1}$$

因此,n 阶判断矩阵原有 n^2 个元素,现在只要知道 $\frac{n(n-1)}{2}$ 个就行了。这些 b_{ij} 值是根据资料数据、专家意见和分析人员的认识经过反复研究后确定的。由于是对单一准则进行两两比较,所以一般并不难给出评分数据。但是还应该检查这种两两比较的结果之间是否具有一致性,得出的数据如果存在如下关系:

$$b_{ij}b_{jk}=b_{ik}(i,j=1,2,\cdots,n) \tag{6-2}$$

那就说明判断矩阵具有完全的一致性。但由于客观事物是复杂的,人们的认识也有片面性,所以判断矩阵不可能具有完全一致性,在确定时要注意不要有太大的矛盾即可,因为最后还要进行总的一致性检验。

对于每一个准则 B 都要列出 $C_1,C_2,\cdots,C_n$ 的判断矩阵。同样对目标 A 来说,在几个准则中哪个更重要些,哪个次要些,也要通过两两相比,得出判断矩阵。

根据例 6-1 可知,如果在三种备选的机型中,A 型的性能较好,价格一般,维护需要一般水平;B 型的性能最好,价格较贵,维护也只需一般水平;C 型的性能差,但价格便宜,容易维护。则根据具体技术数据、经济指标和人的经验,确定各判断矩阵如下:

对准则 B_1(功能强)来说,B_1—C 判断矩阵见表 6-2。

表 6-2　B_1—C 判断矩阵

B_1	C_1	C_2	C_3
C_1	1	1/4	2
C_2	4	1	8
C_3	1/2	1/8	1

对准则 B_2（价格低）来说，B_2—C 判断矩阵见表 6-3。

表 6-3　B_2—C 判断矩阵

B_2	C_1	C_2	C_3
C_1	1	4	1/3
C_2	1/4	1	1/8
C_3	3	8	1

对准则 B_3（易维护）来说，B_3—C 判断矩阵见表 6-4。

表 6-4　B_3—C 判断矩阵

B_3	C_1	C_2	C_3
C_1	1	1	1/3
C_2	1	1	1/5
C_3	3	5	1

至于三个准则对目标来说的优先顺序，要根据该厂购置计算机的具体要求而定，假定该厂在计算机应用上首先要求功能强，其次要求易维护，最后才是价格低，则判断矩阵见表 6-5。

表 6-5　A—B 判断矩阵

A	B_1	B_2	B_3
B_1	1	5	3
B_2	1/5	1	1/3
B_3	1/3	3	1

（2）进行层次单排序

针对上一层两两相比的评分数据，现在要把本层所有元素对上一层元素的优劣顺序排出来。这可以在判断矩阵上进行计算，最常用的有下列几种方法：

①求和法

求和法的计算步骤如下：

a.把判断矩阵的每一行加起来，各行进行求和：

$$\begin{bmatrix} b_{11} & b_{12} & \cdots & b_{1n} \\ b_{21} & b_{22} & \cdots & b_{2n} \\ \vdots & \vdots & & \vdots \\ b_{n1} & b_{n2} & \cdots & b_{nn} \end{bmatrix} \begin{matrix} \sum\limits_{i=1}^{n} b_{1i} = V_1 \\ \sum\limits_{i=1}^{n} b_{2i} = V_2 \\ \vdots \\ \sum\limits_{i=1}^{n} b_{ni} = V_n \end{matrix}$$

这样得到的 $V_1, V_2, \cdots, V_n$ 值的大小就可以表示各行代表的方案 $C_1, C_2, \cdots, C_n$ 的优劣强度。例如 C_i 比其余 $C_j (j \neq i)$ 都优越，则该行元素 b_{ij} 均大于 1，其和便大于 1。

b. 进行正规化, 即将 $V_1, V_2, \cdots, V_n$ 加起来后除 V_i:

$$W_i = \frac{V_i}{\sum\limits_{i=1}^{n} V_i} (i=1,2,\cdots,n) \tag{6-3}$$

这样得到向量:

$$W = \begin{bmatrix} W_1 \\ W_2 \\ \vdots \\ W_n \end{bmatrix}$$

向量 W 作为 $C_1, C_2, \cdots, C_n$ 的相对优先程度的衡量更好一点, 因为

$$W_1 + W_2 + \cdots + W_n = 1 \tag{6-4}$$

同样以前文例题 6-1 购置计算机的例子来分析, 详见表 6-6。

表 6-6　B_1—C 判断矩阵

B_1	C_1	C_2	C_3
C_1	1	1/4	2
C_2	4	1	8
C_3	1/2	1/8	1

$V_1 = 3.25$　　　$W_1 = 0.1818$

$V_2 = 13$　　　$W_2 = 0.7273$

$V_3 = 1.625$　　　$W_3 = 0.0909$

$$\sum V_i = 17.875$$

从 W_1、W_2、W_3 的比较来看, 显然 B 型计算机在性能上比 A 型、C 型都强得多, 其次才是 A 型, A 型比 B 型差很多, 但仍比 C 型优越。

②正规化求和法

正规化求和法的计算步骤如下:

a. 对于判断矩阵的每一列进行正规化:

$$\begin{bmatrix} b_{11} & b_{12} & \cdots & b_{1n} \\ b_{21} & b_{22} & \cdots & b_{2n} \\ \vdots & \vdots & & \vdots \\ b_{n1} & b_{n2} & \cdots & b_{nn} \end{bmatrix}$$

$$b_{ij}=\frac{a_{ij}}{\sum\limits_{k=1}^{n}a_{kj}}(i,j=1,2,\cdots,n) \tag{6-5}$$

正规化后,每列各元素之和为1。

b. 各列正规化后的判断矩阵按行相加:

$$U_i=\sum\limits_{j=1}^{n}b_{ij}(i,j=1,2,\cdots,n) \tag{6-6}$$

c. 对向量 $\boldsymbol{U}=\begin{bmatrix}U_1 & U_2 & \cdots & U_n\end{bmatrix}^{\mathrm{T}}$ 进行正规化:

$$W_i=\frac{U_i}{\sum\limits_{j=1}^{n}U_j}(i,j=1,2,\cdots,n) \tag{6-7}$$

这样得出的向量 $\boldsymbol{W}$ 中的各分量 W_i 就是表明 $C_1,C_2,\cdots,C_n$ 各元素相对优先程度的系数:

$$\boldsymbol{W}=\begin{bmatrix}W_1 & W_2 & \cdots & W_n\end{bmatrix}^{\mathrm{T}} \tag{6-8}$$

仍以购置计算机中的 B_1 判断矩阵为例,B_1—C 判断矩阵见表 6-7。

表 6-7 B_1—C 判断矩阵

B_1	C_1	C_2	C_3
C_1	1	1/4	2
C_2	4	1	8
C_3	1/2	1/8	1
各列之和	5.5	1.375	11

各列经过正规化处理后见表 6-8。

表 6-8 经正规化处理后的判断矩阵

B_1	C_1	C_2	C_3	各行之和	正规化
C_1	0.1818	0.1818	0.1818	0.5454	$0.1818=W_1$
C_2	0.7273	0.7273	0.7273	2.1819	$0.7273=W_2$
C_3	0.0909	0.0909	0.0909	0.2727	$0.0909=W_3$

再求各行之和,并进行正规化,得到 W_1、W_2、W_3。

同样可以求得，B_2—C 判断矩阵，见表 6-9。

表 6-9　B_2—C 判断矩阵

B_2	C_1	C_2	C_3
C_1	1	4	1/3
C_2	1/4	1	1/8
C_3	3	8	1

$$W_1 = 0.2992, W_2 = 0.0738, W_3 = 0.6690$$

B_3—C 判断矩阵见表 6-10。

表 6-10　B_3—C 判断矩阵

B_3	C_1	C_2	C_3
C_1	1	1	1/3
C_2	1	1	1/5
C_3	3	5	1

$$W_1 = 0.1868, W_2 = 0.1578, W_3 = 0.6554$$

A—B 判断矩阵见表 6-11。

表 6-11　A—B 判断矩阵

A	B_1	B_2	B_3
B_1	1	5	3
B_2	1/5	1	1/3
B_3	1/3	3	1

$$W_1 = 0.633, W_2 = 0.1035, W_3 = 0.2532$$

③方根法

方根法的计算步骤如下：

a. 计算判断矩阵每一行元素的乘积 M_i：

$$M_i = \prod_{i=1}^{n} b_{ij} (i, j = 1, 2, \cdots, n) \tag{6-9}$$

b. 计算 M_i 的 n 次方根 W_i'：

$$W_i' = \sqrt[n]{M_i} \tag{6-10}$$

c. 对 W_i' 进行正规化：

$$W_i = \frac{W_i'}{\sum_{j=1}^{n} W_j}$$ (6-11)

则 $W_i'(i=1,2,\cdots,n)$ 就构成了系数分量。

同样以 B_1 判断矩阵为例来计算，B_1—C 判断矩阵见表 6-12。

表 6-12 B_1—C 判断矩阵

B_1	C_1	C_2	C_3
C_1	1	1/4	2
C_2	4	1	8
C_3	1/2	1/8	1

$M_1 = 0.5, M_2 = 32, M_3 = 0.0625$

$W_1' = \sqrt[3]{0.5} = 0.7937, W_2' = \sqrt[3]{32} = 3.1748, W_3' = \sqrt[3]{0.0625} = 0.3968$

$W' = W_1' + W_2' + W_3' = 0.7937 + 3.1748 + 0.3968 = 4.3653$

$W_1 = \dfrac{0.7937}{4.3653} = 0.1818, W_2 = \dfrac{3.1748}{4.3653} = 0.7273, W_3 = \dfrac{0.3968}{4.3653} = 0.0909$

同样得 B_2—C、B_3—C、A—B 判断矩阵分别见表 6-13 至表 6-15。

表 6-13 B_2—C 判断矩阵

B_2	C_1	C_2	C_3
C_1	1	4	1/3
C_2	1/4	1	1/8
C_3	3	8	1

$M_1 = 1.3333, M_2 = 0.0313, M_3 = 24$

$W_1 = 0.2559, W_2 = 0.0733, W_3 = 0.6708$

表 6-14 B_3—C 判断矩阵

B_3	C_1	C_2	C_3
C_1	1	1	1/3
C_2	1	1	1/5
C_3	3	5	1

$M_1 = 0.3333, M_2 = 0.2, M_3 = 15$

$W_1 = 0.1851, W_2 = 0.1562, W_3 = 0.6587$

表 6-15　*A—B* 判断矩阵

A	B_1	B_2	B_3
B_1	1	5	3
B_2	1/5	1	1/3
B_3	1/3	3	1

$$M_1=15, M_2=0.0067, M_3=1$$
$$W_1=0.637, W_2=0.105, W_3=0.258$$

(3)进行层次总排序

层次总排序是在完成层次单排序之后,利用单排序结果,综合出对更上一层的优劣顺序。例如,已经分别得到 C_1、C_2、C_3 对 B_1、B_2、B_3 来说的顺序以及 B_1、B_2、B_3 对 A 的顺序,接下来要得到 C_1、C_2、C_3 对 A 的顺序。

这种排序方法可以用表格来加以说明。比如,层次 B 对层次 A 来说已经完成单排序,其系数值为 $a_1, a_2, \cdots, a_m$,而层次 C 对层次 B 各元素 B_1、B_2、B_3 来说单排序后系数值分别为 $W_1^1, W_2^1, \cdots, W_n^1; W_1^2, W_2^2, \cdots, W_n^2; W_1^3, W_2^3, \cdots, W_n^3$。

总排序系数值可按表 6-16 计算。

表 6-16　总排序系数值

层次 C	B_1	B_2	...	B_m	总排序结果
	a_1	a_2	...	a_m	
C_1	W_1^1	W_1^2	...	W_1^m	$\sum_{i=1}^m a_i W_1^i$
C_2	W_2^1	W_2^2	...	W_2^m	$\sum_{i=1}^m a_i W_2^i$
⋮	⋮	⋮	⋮	⋮	⋮
C_n	W_n^1	W_n^2	...	W_n^m	$\sum_{i=1}^m a_i W_n^i$

很显然,存在:

$$\sum_{j=1}^n \sum_{i=1}^m a_i W_j^i = 1 \tag{6-17}$$

所以得出的结果已经是正规化的了。同样以购置计算机的例子来进行计算(用方根法计算系数值结果)。总排序的系数计算过程如表 6-17 所示。

表 6-17　总排序系数计算过程

层次 C	B_1	B_2	B_3	总排序结果
	0.637	0.105	0.258	
C_1	0.1818	0.2559	0.1851	0.1904
C_2	0.7272	0.0733	0.1562	0.5112
C_3	0.0910	0.6708	0.6587	0.2983

$$W_1 = 0.637 \times 0.1818 + 0.105 \times 0.2559 + 0.258 \times 0.1851 = 0.1904$$
$$W_2 = 0.637 \times 0.7272 + 0.105 \times 0.0733 + 0.258 \times 0.1562 = 0.5112$$
$$W_3 = 0.637 \times 0.0910 + 0.105 \times 0.6708 + 0.258 \times 0.6587 = 0.2983$$

从以上分析可知，B 型计算机从综合评分来说占优势，其次是 C 型。

（4）一致性检验

在决定判断矩阵系数时，要求两两对比的评分之间存在一致性。通常要求完全一致是不可能的，但应该定下一致性指标并进行检验。

在进行层次单排序时，就应该检验判断矩阵的一致性。一致性指标的定义为：

$$CI = \frac{\lambda_{max} - n}{n - 1} \tag{6-13}$$

可以从数学上证明，n 阶判断矩阵的最大特征根为：

$$\lambda_{max} \geqslant n \tag{6-14}$$

当完全一致时，$\lambda_{max} = n$，这时 $CI = 0$。为进行检验，再定义一个随机一致性比值：

$$CR = \frac{CI}{RI} \tag{6-15}$$

在式（6-15）中，RI 称为平均随机一致性指标，其数值如表 6-18 所示。

表 6-18 平均随机一致性指标

矩阵阶数 n	1	2	3	4	5	6	7	8	9
RI	0	0	0.52	0.89	1.12	1.26	1.36	1.41	1.46

其中，对于一个二阶判断矩阵来说，总认为它们是完全一致的。

一般希望 $CR < 0.10$，然后再检验总排序的一致性。总排序的指标 CI 值为：

$$CI = \sum_{i=1}^{m} a_i CI_i \tag{6-16}$$

$$RI = \sum_{i=1}^{m} a_i RI_i \tag{6-17}$$

RI_i 也是相应的单排序一致性目标。而对于 $CR = \frac{CI}{RI}$，同样希望它小于 0.10。

如果一致性检验结果不令人满意，就应该检查判断矩阵各元素间的关系是否有不恰当的，若有则适当加以调整，直到具有满意的一致性为止。

最后应该提到的是：层次的划分不一定仅限于上面讲过的目标、准则、措施（或方案）这三层。例如，目标层总目标之下还可增加一个分目标层。中间还可以有情景层（反映不同处境)、约束层等。层数虽然多了,但处理方法仍和前面一样,只需重复几次即可。

层次分析法由于思想清楚,能够定量处理一些难以精确定量的决策问题,计算也不复杂,整个过程符合系统分析思想,所以是一种很有用的方法,虽然提出的时间不长,但已显示出很强的生命力。它还可以应用在加权和的综合评价中计算权系数。其实,这种方法已经隐含了一个简单清晰的决策过程。

6.2.2 应用举例

以科研课题的选择为例来完整说明层次分析法的应用过程。

对于一个研究单位,科研课题的选择是组织管理的首要任务。课题选择合适与否直接关系到科研单位贡献大小和发展方向,因而它是一项关键性的技术决策和管理决策。选题必须考虑到贡献大小、人才培养、可行性及对本单位今后发展的影响 4 个准则,与这 4 个准则相联系的主要因素(指标)又有以下几项:

(1)实用价值。即科研课题所具有的经济价值和社会价值或完成后预期的经济效益或社会效益,它与成果贡献以及人才培养、今后发展等都有关。

(2)科学意义。即科研课题的理论价值及其对某个科技领域的推动作用。它不仅关系到科研成果的贡献大小,也关系到科研人员学术水平的提高及单位今后的发展方向。

(3)优势发挥。即选题要充分发挥本单位学科及专业人才优势,它与人才培养、课题可行性及单位今后发展均有关系。

(4)难易程度。即课题要与科研人员自身各种条件所决定的成功可能性相一致,这是与可行性直接有关的因素。

(5)研究周期。即科研课题预计所需花费的时间,这也是直接影响可行性的因素。

(6)经费支持。即科研课题所需的经费、设备以及经费来源、有关单位支持情况等,这也是与可行性及单位今后发展有关的因素。

当然对于不同规模和不同性质的研究单位还可以考虑更多的或不同的因素,如课题的先进性、对科研基地的建设和实验室建设的促进等。这里主要考虑以上几点,根据上述遴选的科研课题要考虑的因素以及它们之间的隶属关系,可把各个因素自上而下划分为 4 个层次:

最高层即目标层(A)合理选择科研课题;中间层(B)有两层,第一准则层包括合理选择课题的 4 个准则,即科研成果贡献(B_1)、人才培养(B_2)、课题可行性(B_3)以及单位今后发展(B_4);第二准则层包括上面提到的 6 项指标,其中与科研成果贡献有关的是实用价值(C_1)与科学意义(C_2);与人才培养有关的是实用价值(C_1)、科学意义(C_2)和优势发挥(C_3);与课题可行性有关的是难易程度(C_4)、研究周期(C_5)、财政支持(C_6)和优势发挥(C_3);与单位今后发展有关的是实用价值(C_1)、科学意义(C_2)及优势发挥(C_3)及财政支持(C_6)。其中实用价值又可分为经济价值(C_{11})与社会价值(C_{12})两个子指标,构成一个仅隶属于 C_1 的子层次;最低层是备选课题层,列出所有可供选择的科研课题 1 至 N。

步骤如下:

(1)建立科研课题选择的层次结构模型

根据上述分析,可以建立对科研课题进行选择的递阶层次结构,见图 6-4。

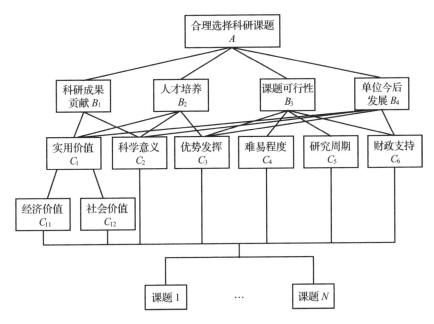

图 6-4　科研课题选择的递阶层次结构模型

(2)确定判断矩阵,进行层次单排序和一致性检验

针对图 6-4 所示的科研课题选择的层次分析结构,不同课题对 6 项指标的权重分配不同,这里采用1~9 标度构造各层的判断矩阵,见表 6-19 至表 6-23。

表 6-19　A—B 判断矩阵

A	B_1	B_2	B_3	B_4	W
B_1	1	3	1	1	0.30
B_2	1/3	1	1/3	1/3	0.10
B_3	1	3	1	1	0.30
B_4	1	3	1	1	0.30

$\lambda_{max}=4.00, CI=0, RI=0.89, CR=0<0.1$

表 6-20　B_1—C 判断矩阵

B_1	C_1	C_2	W
C_1	1	3	0.75
C_2	1/3	1	0.25

$\lambda_{max}=2.00, CI=0, CR=0<0.1$

表 6-21 B_2—C 判断矩阵

B_2	C_1	C_2	C_3	W
C_1	1	1/5	1/3	0.10
C_2	5	1	3	0.64
C_3	3	1/3	1	0.26

$$\lambda_{\max}=3.04, CI=0.02, RI=0.52, CR=0.04<0.1$$

表 6-22 B_3—C 判断矩阵

B_3	C_3	C_4	C_5	C_6	W
C_3	1	1	3	2	0.33
C_4	1	1	3	2	0.33
C_5	1/3	1/3	1	1/2	0.10
C_6	1/2	1/2	2	1	0.24

$$\lambda_{\max}=4.08, CI=0.03, RI=0.89, CR=0.03<0.1$$

表 6-23 B_4—C 判断矩阵

B_4	C_1	C_2	C_3	C_6	W
C_1	1	1/5	1/3	1	0.10
C_2	5	1	3	5	0.56
C_3	3	1/3	1	3	0.24
C_6	1	1/5	1/3	1	0.10

$$\lambda_{\max}=4.00, CI=0, RI=0.89, CR=0<0.1$$

(3)对目标层的总排序和总的一致性检验

目标层的权重计算及总排序,如表 6-24 所示。

表 6-24 目标层的权重计算及总排序

层次 C	B				目标权重	排序
	B_1 (0.30)	B_2 (0.10)	B_3 (0.30)	B_4 (0.30)		
C_1	0.75	0.14	0	0.10	0.27	2
C_2	0.25	0.64	0	0.56	0.31	1
C_3	0	0.26	0.33	0.24	0.20	3
C_4	0	0	0.33	0	0.10	4
C_5	0	0	0.10	0	0.03	5
C_6	0	0	0.24	0.10	0.10	4

层次总排序一致性检验计算如下：

$$CI = \sum_{i=1}^{4} \boldsymbol{CI}_i^{(3)} \cdot \boldsymbol{W}^{(2)} = (0 \quad 0.04 \quad 0.03 \quad 0) \cdot (0.30 \quad 0.10 \quad 0.30 \quad 0.30)^{\mathrm{T}} = 0.013$$

$$RI = \sum_{i=1}^{4} \boldsymbol{RI}_i^{(3)} \cdot \boldsymbol{W}^{(2)} = (0 \quad 0.52 \quad 0.89 \quad 0.89) \cdot (0.30 \quad 0.10 \quad 0.30 \quad 0.30)^{\mathrm{T}} = 0.319$$

$$CR = \frac{CI}{RI} = 0.04 < 0.1$$

满足整体一致性要求。

6.3 网络分析法(ANP)

网络分析法(Analytic Network Process,ANP)是美国匹兹堡大学的 T. L. Saaty 教授于 1996 年提出的一种适应非独立的递阶层次结构的决策方法,它是在层次分析法的基础上发展而形成的一种新的实用决策方法。

AHP 作为一种决策过程,它提供了一种表示决策因素测度的基本方法。这种方法采用相对标度的形式,并充分利用了人的经验和判断力。在递阶层次结构下,根据所规定的相对标度——比例标度,依靠决策者的判断,对同一层次有关元素的相对重要性进行两两比较,并按层次从上到下合成方案对于决策目标的测度。这种递阶层次结构虽然给系统问题的处理带来了方便,但也限制了它在复杂决策问题中的应用。在许多实际问题中,各层次内部元素往往依赖于低层元素对高层元素的支配作用,即存在反馈作用,此时系统的结构更类似于网络结构。网络分析法正是适应这种需要,由 AHP 延伸发展得到的系统决策方法。

ANP 首先将系统元素划分为两大部分:第一部分称为控制因素层,包括问题目标及决策准则。所有的决策准则均被认为是彼此独立的,且只受目标元素支配。控制因素中可以没有决策准则,但至少有一个目标。控制层中每个准则的权重均可用 AHP 方法获得。第二部分为网络层,它是由所有受控制层支配的元素组成的,其内部是互相影响的网络结构,元素组中的元素之间互相依存、互相支配,元素和层次间内部不独立,递阶层次结构中的每个准则支配的不是一个简单的内部独立的元素,而是一个互相依存、反馈的网络结构。控制层和网络层组成了典型的 ANP 层次结构,见图 6-5。

6.3.1 网络分析法的特点

层次分析法能够为决策者解决各种复杂系统问题,但它也存在一些缺陷。例如,AHP 就未能考虑到不同决策层或同一层次之间的相互影响,AHP 模型只是强调各决策层之间的单向层次关系,即下一层对上一层的影响。但在实际工作中对总目标层进行逐层分解时,时常会遇到各因素交叉作用的情况。如一个项目的不同研究阶段对各评委的权重是不同的;同样,各评委在项目研究的不同阶段对各评价指标的打分也会发生变化。这时,AHP 模型就显得有些无能为力了。

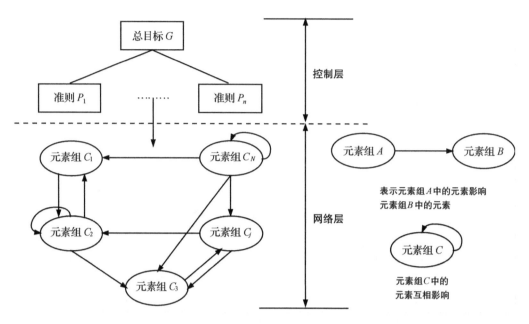

图 6-5　网络分析法的经典结构模型

　　网络分析法的特点就是,在层次分析法的基础上,考虑到各因素或相邻层次之间的相互影响,利用"超矩阵"对各相互作用并影响的因素进行综合分析得出其混合权重。而 ANP 模型并不要求像 AHP 模型那样有严格的层次关系,各决策层或相同层次之间都存在相互作用,双箭头表示层次间的相互作用关系。若是同一层中的相互作用就用双循环箭头表示。箭头所指向的因素影响着箭尾的决策因素。基于这一特点,ANP 越来越受到决策者的青睐,成为企业对许多复杂问题进行决策的有效工具。ANP 中各因素的相对重要性指标的确定与 AHP 基本相同,各因素的相对重要性指标(标度)是通过对决策者进行问卷调查得到的,但有时也会出现一些不一致的现象。

6.3.2　案例分析

　　以水电工程风险分析为例说明 ANP 的应用过程。
　　(1)水电工程风险因素识别
　　由于水电工程项目各分项工程众多,且工程建设期一般较长,各分项工程面临的风险也将多种多样,从总体上对水电工程风险进行识别将有一定的难度,并且很可能遗漏较重要的风险因素,因此在识别风险前有必要将整体工程进行适当分项工程的划分,然后再对各分项工程进行风险识别。同时,由于风险因素的多样化,有必要将风险按照一定的风险原则进行分解。因此本案例采用项目分解结构(WBS)与风险分解结构(RBS)相结合的方法进行风险的识别,采用此方法进行风险识别也有利于风险因素 ANP 结构模型的建立与求解。
　　(2)工程项目的层次结构模型
　　在建立整体工程风险因素网络分析模型结构时,首先要建立工程项目的工作结构模型。由于各个子工程项目都有其相应的工程控制目标(费用、进度、质量、安全),并且各个子项目对整体工程项目目标必然具有不同的重要程度影响。因此,在建立工程项目的层次结构时,应该将工程目标作为判断准则对各子工程项目之间的重要度进行判断。在 WBS 的基础上建立的各子工程项目的重要度模型为 AHP 结构,如图 6-6 所示。

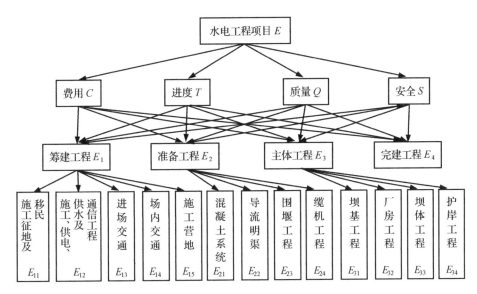

图 6-6 工程项目结构的 AHP 模型

(3)风险因素的网络结构模型

根据风险的来源将风险因素分为自然风险、技术风险、经济风险、组织管理风险和社会政策风险五个类别。根据这五个类别再进行具体的风险因素划分。

传统的风险分析认为,风险具有发生概率和损失两种属性,但是这种定义显然不能够较全面地反映风险的本质,因此可将可预测性、可控性、可转移性引入风险属性中,将风险看作是具有这五种属性的多维特性对象进行描述。引入多维属性对风险进行描述可以从不同角度更全面地反映风险因素的特性,但其中可转移性和可预测性均可在可控性上反映,所以只需将可控性进行估计就可以较全面地反映风险的特性。根据研究的需要,分析认为风险估计一般是对负面影响进行估计,在传统的二维属性的基础上引入"不可控性"对水电工程项目风险进行评估。

在风险识别过程中,只识别了风险因素,而要建立 ANP 模型还必须对风险因素之间的互相影响关系进行研究。通过以专家调查或是小组讨论的方式最终可得到风险因素影响关系,如表 6-25 所示。

根据影响关系表,以风险因素的发生概率、损失和不可控性为准则建立 ANP 结构模型,见图 6-7。

要对每个子工程项目的风险因素都建立相应的风险因素 ANP 结构模型,即可得到工程项目整体的结构模型,建立的整体风险因素 ANP 结构模型为多准则、多层次模型。

表 6-25　某子工程项目风险因素影响关系表

因素			自然风险 R_1					技术风险 R_2					···
			R_{11}	R_{12}	R_{13}	R_{14}	R_{15}	R_{21}	R_{22}	R_{23}	R_{24}	R_{25}	···	···
			暴雨	洪水	滑坡	地质不确定性	地震	施工缺陷	施工事故	设计变更	设计缺陷	勘测不足	···	···
自然风险 R_1	R_{11}	暴雨												
	R_{12}	洪水												
	⋮	⋮												
技术风险 R_2	R_{21}	施工缺陷												
	R_{22}	施工事故												
	⋮	⋮												
⋮	⋮	⋮												
调查说明			顶部元素为被影响的风险因素,左列为可能引起顶部风险因素的因素,请在左列因素影响顶部因素的相应空格中打"√"											

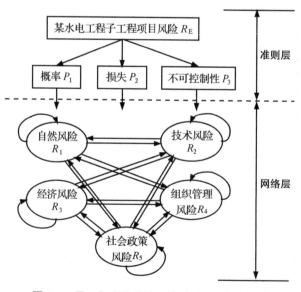

图 6-7　子工程项目风险因素的 ANP 结构模型

（4）基于 ANP 的水电工程风险分析模型解析

①子工程项目重要度的确定

在计算各子工程项目的重要度时，由于基于 WBS 建立的结构模型为 AHP 形式，所以采用传统方式很容易对模型进行重要度求解。

②子工程的风险因素的权重向量及排序

对各子工程项目下相互关联的风险因素权重向量的确定，是整个工程项目风险因素排序的关键步骤，同时也是采用 ANP 进行风险分析的核心。根据图 6-7 所示的 ANP 结构模型以及表 6-25 所示的风险因素影响关系，对子工程项目下的风险因素权重计算按以下步骤进行：

a. 计算风险属性权重。对描述风险大小的概率、损失和不可控制性进行重要性比较。此三个属性可看作评判风险因素的准则，所以采用传统的 AHP 法可以确定其权重大小。

b. 计算单准则下各风险因素权重。由于此模型是多准则问题，因此相互关联的风险因素要在三个准则下分别进行比较判断，现以其中的概率准则对风险因素进行研究，这一过程又可分为以下几步：

第一步，建立超矩阵。

以概率为主准则，以其中一个风险因素为次准则，进行其他风险因素的相对重要度比较，即其他风险因素对这一风险因素发生概率的影响程度进行重要度比较。由于并不是每个风险因素都对其有影响，所以并不是所有元素都要在此次准则下进行比较，影响这一风险因素的其他风险因素可从影响关系表中查得。然后以各风险类别组为单元分别计算其特征向量，即相应的局部权重向量。经过以每一个元素为次准则的比较判断和计算后建立超矩阵：

$$W = \begin{bmatrix} W_{11} & W_{12} & W_{13} & W_{14} & W_{15} \\ W_{21} & W_{22} & W_{23} & W_{24} & W_{25} \\ W_{31} & W_{32} & W_{33} & W_{34} & W_{35} \\ W_{41} & W_{42} & W_{43} & W_{44} & W_{45} \\ W_{51} & W_{52} & W_{53} & W_{54} & W_{55} \end{bmatrix}$$

其中，$W_{ij}(i=1,2,\cdots,5;j=1,2,\cdots,5)$ 表示风险因素类别 R_j 中风险因素受 R_i 类别中因素影响的向量矩阵。W_{ij} 的列向量是由 R_i 中每个因素以 R_j 中一个因素为次准则进行比较判断得到判断矩阵的特征向量。

第二步，建立权矩阵。

以概率为主准则，风险类别 R_i 为次准则，对所有类别进行比较判断，构造判断矩阵，即每个风险类别中对 R_i 风险类别发生概率的影响程度进行判断比较。其中的判断比较包括了 R_i 自身与其他类别对自身影响的比较判断。因为每个风险因素所受的影响程度是在各风险类别中进行比较判断的,由多个矩阵组成的超矩阵中的各列向量不是归一化的,即列向量和不为1,无法比较分别存在于不同类别中的元素对一个为次准则的因素影响程度的大小;另外,未加权的超矩阵无法采用幂法求解极限相对权重向量,所以要对各风险类别的互相影响重要度进行比较判断。依次以各个类别为次准则进行比较判断后,得到五个判断矩阵,并计算特征向量,最后可得如下权矩阵:

$$\boldsymbol{\alpha} = \begin{bmatrix} \alpha_{11} & \alpha_{12} & \alpha_{13} & \alpha_{14} & \alpha_{15} \\ \alpha_{21} & \alpha_{22} & \alpha_{23} & \alpha_{24} & \alpha_{25} \\ \alpha_{31} & \alpha_{32} & \alpha_{33} & \alpha_{34} & \alpha_{35} \\ \alpha_{41} & \alpha_{42} & \alpha_{43} & \alpha_{44} & \alpha_{45} \\ \alpha_{51} & \alpha_{52} & \alpha_{53} & \alpha_{54} & \alpha_{55} \end{bmatrix}$$

第三步,建立加权超矩阵并求解。

将超矩阵按下式进行加权可得到加权超矩阵:

加权超矩阵中列向量元素大小即为各风险因素对处于此列上的因素影响的大小,若某一风险因素对此因素没有影响,则对应的值为零。此时可利用幂法或其他方法对加权超矩阵进行相对排序向量的求解,最后相对排序向量就是各风险因素在概率准则下的权重。

$$\overline{W} = \begin{bmatrix} \alpha_{11}W_{11} & \alpha_{12}W_{12} & \alpha_{13}W_{13} & \alpha_{14}W_{14} & \alpha_{15}W_{15} \\ \alpha_{21}W_{21} & \alpha_{22}W_{22} & \alpha_{23}W_{23} & \alpha_{24}W_{24} & \alpha_{25}W_{25} \\ \alpha_{31}W_{31} & \alpha_{32}W_{32} & \alpha_{33}W_{33} & \alpha_{34}W_{34} & \alpha_{35}W_{35} \\ \alpha_{41}W_{41} & \alpha_{42}W_{42} & \alpha_{43}W_{43} & \alpha_{44}W_{44} & \alpha_{45}W_{45} \\ \alpha_{51}W_{51} & \alpha_{52}W_{52} & \alpha_{53}W_{53} & \alpha_{54}W_{54} & \alpha_{55}W_{55} \end{bmatrix}$$

c.计算多准则风险因素权重。依次以损失、不可控制性为准则,按照第2步对各风险因素进行权重向量求解,然后以第1步中所求得的权重对各单准则的风险因素权重进行合成,可得到风险因素在子工程项目中的风险大小排序。

③整体工程项目风险因素排序

对每一个子工程项目的风险因素进行权重向量求解,就可以对整体工程项目的风险因素进行权重合成和总排序计算。

将各子工程项目的风险因素权重对应到整体工程项目所有风险因素中,对于不影响此子工程项目的风险因素,将其权重设为零。由上述工程项目重要度的计算,得到各子工程项目在整体工程项目的权重,因此通过对各层子工程项目下的风险因素权重进行加权求和,就可得到各风险因素在上一层工程项目的排序。最终可得到整体工程项目的风险因素总排序。

从总排序结果可以很容易发现工程项目所面临的最大、最关键的风险因素,由于考虑了风险因素的相互影响关系,所以最终结果将更加客观真实地反映实际情况。根据上述研究,总结得到基于 ANP 的水电工程项目风险分析流程图,见图 6-8。

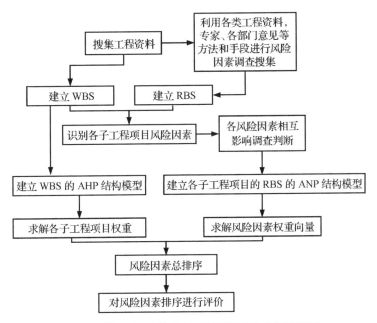

图 6-8 基于 ANP 的水电工程项目风险分析流程图

思 考 题

(1)请简要说明系统综合评价在系统工程中的作用。

(2)请结合实例具体说明系统评价问题六个要素的意义。

(3)请说明系统评价的原理及一般过程。

(4)AHP 的主要思路和基本步骤是什么?

(5)1~9 标度法的一般意义是什么?

(6)求和法与方根法的基本公式和特点是什么?

(7)AHP 为什么要进行一致性检验?

(8)请列表分析层次分析法与网络分析法的特点和异同。

(9)系统评价是客观的还是主观的?如何理解系统评价的复杂性?

(10)试设计一个毕业求职选择的指标体系(包括指标及其权重)。

7 决策分析方法

7.1 管理决策概述

7.1.1 决策的含义

"决策"一词的意思就是做出决定或选择。诺贝尔奖获得者西蒙认为,管理就是决策,他认为决策是对稀有资源备选分配方案进行选择排序的过程。学者 Gregory 在《决策分析》中提及,决策是对决策者将采取的行动方案进行选择的过程。时至今日,对决策概念的界定不下上百种,但仍未形成统一的看法,诸多界定归纳起来,基本有以下三种理解:

第一种是把决策看作是一个包括提出问题、确立目标、设计和选择方案的过程。这是广义的决策的定义。

第二种是把决策看作是从几种备选的行动方案中作出最终抉择,是决策者的拍板定案。这是狭义的决策的定义。

第三种是认为决策是对不确定条件下发生的偶发事件所做的处理决定。这类事件既无先例,也无可遵循的规律,做出选择要冒一定的风险。也就是说,只有冒一定的风险的选择才是决策。这是对决策概念最狭义的理解。

以上对决策概念的解释是从不同的角度作出的,要科学地理解决策概念。正确理解决策,应明确以下几层含义:

第一,决策要有明确的目标。决策是为了解决某一问题,或是为了达到一定目标。确定目标是决策过程的第一步。决策所要解决的问题必须十分明确,所要达到的目标必须十分具体。没有明确的目标,决策是盲目的。

第二,决策要有两个以上备选方案。决策实质上是选择行动方案的过程。如果只有一个备选方案,就不存在决策的问题。因而,至少要有两个或两个以上方案,人们才能从中进行比较、选择,最后选择一个满意方案作为行动方案。

第三,选择后的行动方案必须付诸实施。如果选择后的方案束之高阁,不付诸实施,这样决策也等于没有决策。决策不仅是一个认识的过程,也是一个行动的过程。

决策是人类社会自古就有的活动,决策科学化是在 20 世纪初开始形成的。第二次世界大战以后,决策研究在吸取行为科学、系统理论、运筹学、计算机科学等多门学科成果的基础上,结合决策实践,到 20 世纪 60 年代形成了一门专门研究和探索人们作出正确决策规律的学科——决策学。决策学研究决策的范畴、概念、结构、决策原则、决策程序、决策方法、决策组织等,并探索这些理论与方法的应用规律。随着决策理论与方法研究的深入与发展,决策渗透到社会经济、生活各个领域,尤其应用在企业经营活动中,从而也就出现了经营管理决策。

7.1.2 决策分析的基本概念

(1)决策目标

决策者希望达到的状态,工作努力的目的。一般而言,在管理决策中决策者追求的是利益最大化。

(2)决策准则

决策判断的标准,备选方案的有效性度量。

(3)决策属性

决策方案的性能、质量参数、特征和约束,如技术指标、重量、年龄、声誉等,用于评价它达到目标的程度和水平。

(4)决策系统

状态空间、策略空间、损益函数构成了决策系统。

①状态空间

不以人的意志为转移的客观因素,设一个状态为 S_i,有 m 种不同状态,其集合记为:

$$S = \{S_1, S_2, S_3, \cdots, S_m\} = \{S_i\} \quad (i = 1, \cdots, m)$$

S 称为状态空间;S 的元素 S_i 称为状态变量。

②策略空间

人们根据不同的客观情况,可能做出主观的选择,记一种策略方案为 U_j,有 n 种不同的策略,其集合为:

$$U = \{U_1, U_2, \cdots, U_n\} = \{U_j\} \quad (j = 1, \cdots, n)$$

U 称为策略空间;U 的元素 U_j 称为决策变量。

③损益函数

当状态处在 S_i 情况下,人们做出 U_j 决策,从而产生损益值 V_{ij}。显然 V_{ij} 是 S_i, U_j 的函数,即:

$$V_{ij} = v(S_i, U_j) \quad (i = 1, 2, \cdots, m; j = 1, 2, \cdots, n)$$

当状态变量是离散型变量时,损益值构成的矩阵叫作损益矩阵:

$$\boldsymbol{V} = (V_{ij})_{m \times n} = \begin{bmatrix} v(S_1, U_1) & v(S_1, U_2) & \cdots & v(S_1, U_n) \\ v(S_2, U_1) & v(S_2, U_2) & \cdots & v(S_2, U_n) \\ \vdots & \vdots & & \vdots \\ v(S_m, U_1) & v(S_m, U_2) & \cdots & v(S_m, U_n) \end{bmatrix}$$

上述三个主要素组成了决策系统,决策系统可以表示为三个主要素的函数:

$$D = D(S, U, V)$$

可根据不同的判断标准原则,求得实现系统目标的最优(或满意)决策方案。

7.1.3 管理决策的类型

现代企业经营管理活动的复杂性、多样性,决定了管理决策有多种不同的类型。

(1)按决策的影响范围和重要程度不同,分为战略决策和战术决策。

①战略决策是指对企业发展方向和发展远景做出的决策,是关系到企业发展的全局性、长远性、方向性的重大决策,如对企业的经营方向、经营方针、新产品开发等决策。战略决策由企业最高层领导做出,它具有影响时间长、涉及范围广、作用程度深刻的特点,是战术决策的依据和中心目标。它的正确与否,直接决定企业的兴衰成败,决定企业的发展前景。

②战术决策是指企业为保证战略决策的实现而对局部的经营管理业务工作做出的决策。如企业原材料和机器设备的采购,生产、销售的计划,商品的进货来源,人员的调配等属此类决策。战术决策一般由企业中层管理人员做出。战术决策要为战略决策服务。

(2)按决策的主体不同,分为个人决策和集体决策。

①个人决策是由企业领导者凭借个人的智慧、经验及所掌握的信息进行的决策。决策速度快、效率高是其特点,适用于常规事务及紧迫性问题的决策。个人决策的最大缺点是带有主观性和片面性,因此,对全局性重大问题则不宜采用。

②集体决策包括会议机构决策和上下相结合决策。会议机构决策是通过董事会、经理扩大会、职工代表大会等权力机构集体成员共同做出的决策。上下相结合决策则是领导机构与下属相关机构结合、领导与群众相结合形成的决策。集体决策的优点是能充分发挥集团智慧,集思广益、决策慎重,从而保证决策的正确性、有效性;缺点是决策过程较复杂,耗费时间较多。它适宜于制订长远规划、全局性的决策。

(3)按决策是否重复,分为程序化决策和非程序化决策。

①程序化决策,是指决策的问题是经常出现的问题,已经有了处理的经验、程序、规则,可以按常规办法来解决。故程序化决策也称为"常规决策"。例如,企业生产的产品质量不合格应如何处理,商店销售过期的食品应如何解决等,就属程序化决策。

②非程序化决策,是指决策的问题是不常出现的,没有固定的模式、经验去解决,要靠决策者做出新的判断来解决。非程序化决策也叫非常规决策。如企业开辟新的销售市场、商品流通渠道调整、选择新的促销方式等属于非常规决策。

(4)按决策问题所处条件不同,分为完全确定条件下的决策、不完全确定条件下的决策和风险型决策。

①完全确定条件下的决策。决策过程中,提出各备选方案在确定的客观条件下,每个方案只有一种结果,比较其结果优劣作出最优选择的决策。确定型决策是一种肯定状态下的决策。决策者对被决策问题的条件、性质、后果都有充分了解,各个备选的方案只能有一种结果。这类决策的关键在于选择肯定状态下的最佳方案。

②不完全确定条件下的决策。决策过程中,提出各个备选方案,每个方案有几种不同的结果是已知的,但每一种结果发生的概率未知。在这样的条件下,决策就是未确定型的决策。这类决策是由于人们对市场需求的几种可能客观状态出现的随机性规律认识不足,从而增大了决策的不确定性程度。

③风险型决策。决策过程中,提出各个备选方案,每个方案都有几种不同结果是已知的,其发生的概率也可测算。这样条件下的决策,就是风险型决策。例如,某企业为了增加利润,提出两个备选方案:一个方案是扩大老产品的销售;另一个方案是开发新产品。不论哪一种方案都会遇到市场需求高、市场需求一般和市场需求低几种不同可能性,它们发生的概率都可测算,若遇到市场需求低,企业就要亏损。因而在上述条件下的决策带有一定的风险性,故称为风险型决策。风险型决策之所以存在,是因为影响预测目标的各种市场因素是复杂多变的,因而每个方案的执行结果都带有很大的随机性。在决策中,不论选择哪种方案都存在一定的风险性。

7.1.4 决策分析的基本步骤

一般来说,构成决策问题必须满足以下四个条件:存在着一个明确的可预期达到的决策目标;各行动方案所面临的、可能的自然状态完全可知;存在着可供决策者选择的两个或两个以上的行动方案;可求得各方案在各状态下的损益矩阵(函数)。

由此,决策分析可以分为以下四个步骤:

(1)形成决策问题,包括提出方案和确定目标;

(2)判断自然状态及其概率;

(3)拟定多个可行方案;

(4)评价方案并做出选择。

7.2 不确定性决策

在不确定性决策中,各种决策环境是不确定的,所以对于同一个决策问题,用不同的方法求解,将会得到不同的结论。在现实生活中,同一个决策问题,决策者的偏好不同,也会使得处理相同问题的原则和方法不同。

7.2.1 乐观准则

乐观准则也称为"大中取大法",其基本思想是:先计算出各种方案在各种自然状态下可能有的收益值,然后再从这些收益值中选择一个收益值最大的方案为决策方案。

【例7-1】 某公司因经营业务的需要,决定要在现有生产条件不变的情况下生产一种新产品,现可供开发生产的产品有Ⅰ、Ⅱ、Ⅲ、Ⅳ四种不同产品,对应的方案为A_1,A_2,A_3,A_4。由于缺乏相关资料背景,对产品的市场需求量只能估计为大、中、小三种状态,而且对于每种状态出现的概率无法预测,每种方案在各种自然状态下的效益值表,如表7-1所示。试问:在乐观准则下,该公司应选择哪个方案作为决策方案?

表 7-1　效益值表　　　　　　　　　　　单位:万元

供选方案 A_i	自然状态		
	需求量大 S_1	需求量中 S_2	需求量小 S_3
A_1:生产产品 I	800	320	−250
A_2:生产产品 II	600	300	−200
A_3:生产产品 III	300	150	50
A_4:生产产品 IV	400	250	100

表 7-2　决策表(一)　　　　　　　　　　单位:万元

供选方案 A_i	自然状态			最大值	最大值
	需求量大 S_1	需求量中 S_2	需求量小 S_3		
A_1:生产产品 I	800	320	−250	800	
A_2:生产产品 II	600	300	−200	600	800
A_3:生产产品 III	300	150	50	300	
A_4:生产产品 IV	400	250	100	400	

由表 7-2 可知,策略值为:

$$v = \max_j \{\max_j \alpha_{ij}\} = \max\{\max_j \alpha_{1j}, \max_j \alpha_{2j}, \cdots, \max_j \alpha_{4j}\} = 800$$

即对应的 A_1 方案为决策方案,即生产产品 I。

"大中取大法"是一种比较乐观而积极的决策方法,常为一些敢冒风险、勇于进取的决策者和实力雄厚的企业组织所采用。它的优点是可能取得最好的效果;缺点是承担的风险较大。

7.2.2　悲观准则

悲观准则也称"极大极小损益值法",其基本思想是:先计算出各种方案在各种自然状态下可能有的收益值,再找出各种方案在自然状态下的最小收益值,然后选择这些最小收益中最大的值相对应的方案作为决策方案。

例 7-1 中,在悲观准则下,该公司应选择哪个方案作为决策方案?

悲观准则下的决策表见表 7-3。

表 7-3　决策表(二)　　　　　　　　　　单位:万元

供选方案 A_i	自然状态			最小值	最大值
	需求量大 S_1	需求量中 S_2	需求量小 S_3		
A_1:生产产品 I	800	320	−250	−250	
A_2:生产产品 II	600	300	−200	−200	100
A_3:生产产品 III	300	150	50	50	
A_4:生产产品 IV	400	250	100	100	

由表 7-3 可知,策略值为:

$$v=\max_{j}\{\min_{j}\alpha_{ij}\}=\max\{\min_{j}\alpha_{1j},\min_{j}\alpha_{2j},\cdots,\min_{j}\alpha_{4j}\}=100$$

对应的 A_4 方案为决策方案,即生产产品Ⅳ。

"极大极小损益值法"是在收益最少、最不利的自然状态中进行选择,最后决定的方案是在最不利的情况下的最好方案,所以这是一种比较保守的决策方法。

这种方法的优点是风险较小,对比较谨慎和对未来持较为悲观态度的决策者以及承担风险能力较小的企业组织,易倾向于采用此种决策方法,即使是在最不利的情况下,也能获得一定的利润。这种方法的缺点是有可能失去获得高额利润的机会。

7.2.3 等概率法(Laplace 准则)

决策者假定每种自然状态发生的概率都是一样的,然后计算各方案的期望值,根据期望值进行选择。

各方案的期望值为:

$$E(A_i)=\sum_{i=1}^{m}\frac{1}{m}a_{ij}=\frac{1}{m}\sum_{i=1}^{m}a_{ij}$$

策略值为:

$$E(A_i^*)=\max\{E(A_i)\}$$

例 7-1 中,在等概率法(Laplace 准则)下,该公司应选择哪个方案作为决策方案?

等概率法(Laplace 准则)下的决策表见表 7-4。

表 7-4 决策表(三)   单位:万元

供选方案 A_i	自然状态			$E(A_i)$	最大值
	需求量大 S_1	需求量中 S_2	需求量小 S_3		
A_1:生产产品Ⅰ	800	320	−250	290	290
A_2:生产产品Ⅱ	600	300	−200	700/3	
A_3:生产产品Ⅲ	300	150	50	500/3	
A_4:生产产品Ⅳ	400	250	100	250	

由表 7-4 可知,应选择对应的 A_1 方案为决策方案,即生产产品Ⅰ。

7.2.4 最大最小后悔值法(Savage 准则或后悔值最大最小原则)

该方法又称"大中取小法",即在最大后悔值中取其最小值所对应的方案为决策方案。其基本思想是先找出各个方案的最大后悔值,然后选择这些最大后悔值中最小者所对应的方案作为决策方案。

这是一种以各方案的机会损失的大小判断优劣的方法。在决策中,当某种自然状态出现时,决策者必然希望选择当时最满意的方案,若决策者未选择这一方案,则必然会后悔,最大最小后悔值法就是希望这种后悔程度最小。

把实际选择方案与应该选择的方案的损益值之差称为后悔值。最大最小后悔值法就是先确定各方案的最大后悔值,然后从这些最大后悔值中选择一个最小值,该最小值所对应的方案就是令人满意的方案。

例 7-1 中,若采用最大最小后悔值法,则该公司应选择哪个方案作为决策方案?

Savage 准则下的决策表见表 7-5。

表 7-5　决策表(四)　　　　　　　单位:万元

供选方案 A_i	自然状态			最大值	最小值
	需求量大 S_1	需求量中 S_2	需求量小 S_3		
A_1:生产产品Ⅰ	0	0	350	350	
A_2:生产产品Ⅱ	200	20	300	300	300
A_3:生产产品Ⅲ	500	170	50	500	
A_4:生产产品Ⅳ	400	70	0	400	

由表 7-5 可知,应选择对应的 A_2 方案为决策方案,即生产产品Ⅱ。

7.2.5　乐观系数准则(折中主义决策)

该准则下决策者给出乐观系数 α,$\alpha \in [0,1]$,将乐观与悲观结果折中,即对于任何行动方案 a_j 最好与最坏的两个状态的益损值,求加权平均值。

$$\max_{a_i \in A} H(a_i) = H(a_i^*)$$

$$H(a_i) = a \max_j \{a_{ij}\} + (1-\alpha) \max_j \{a_{ij}\}$$

其中,$\alpha = 0$ 对应悲观决策,$\alpha = 1$ 对应乐观决策。

比较各行动方案实施后的结果,取具有最大加权平均值的行动为最优行动的决策原则,也称为 Hurwicz 准则。

$$H(a_j^*) = \max H(a_j)$$

例 7-1 中,若采用乐观系数准则,且取 $\alpha = 0.3$,则乐观系数准则下的决策表见表 7-6。

表 7-6　决策表(五)　　　　　　　单位:万元

供选方案 A_i	自然状态			最大值	最小值	加权平均
	需求量大 S_1	需求量中 S_2	需求量小 S_3			
A_1:生产产品Ⅰ	800	320	−250	800	−250	65
A_2:生产产品Ⅱ	600	300	−200	600	200	40
A_3:生产产品Ⅲ	300	150	50	300	50	125
A_4:生产产品Ⅳ	400	250	100	400	100	190

由表 7-6 可知,应选择对应的方案 A_4 为决策方案,即生产产品Ⅳ。

根据以上五种决策准则可知,采用不同的决策方法,会得到不同的决策结果。很难判断哪个方法好,因为没有规定统一的决策标准,也缺乏客观标准作为依据,只能由决策者凭主观经验、决策胆识和判断力作决定。

实际决策中,究竟选择哪一种方法,应视具体情况而定。一般的原则是,如果有关国计民生和应对灾害性事件,应估计到最不利的情况,采用悲观法为好;如果从事商业性活动,应尽可能抓住一切机会,此时采用乐观法为宜。其他场合则由决策者视具体情况具体分析再作决定。

7.3　风险型决策分析

对风险含义的理解,从不同的角度可以做不同的陈述和定义。目前,关于风险的定义主要有以下几种:

以研究风险问题著称的美国学者 A. H. 威雷特认为"风险是关于不愿发生的事件发生的不确定性之客观体现"。

美国经济学家 F. H. 奈特认为"风险是可测定的不确定性"。

我国学者认为,风险是指实际结果与预期结果相背离从而产生损失的一种不确定性。

综上所述,风险包括两方面的内涵:一是风险意味着出现损失,或者是未实现预期的目标值;二是这种损失出现与否是一种不确定性随机现象,它可用概率表示出现的可能程度,不能对出现与否做出确定性判断。

风险型决策一般包含以下条件:

(1)存在着决策者希望达到的目标(如收益最大或损失最小)。

(2)存在着两个或两个以上的方案可供选择。

(3)存在着两个或两个以上不以决策者主观意志为转移的自然状态(如不同的天气对市场的影响)。

(4)可以计算出不同方案在不同自然状态下的损益值。

(5)在可能出现的不同自然状态中,决策者不能肯定未来将出现哪种状态,但能确定每种状态出现的概率。

7.3.1　期望值准则

每一个行动方案即为一个决策变量,其取值就是每个方案在不同自然状态下的损益值。把每个方案的各损益值和相对应的自然状态概率相乘再加总,得到各方案的期望损益值,然后选择收益期望值最大者或损失期望值最小者为最优方案。这里所说的期望损益值就是概率论中离散随机变量的数学期望,即:

$$EMV_i = \sum_{j=1}^{n} p_j a_{ij}$$

决策变量的期望值包括三类：

(1)收益期望值,如利润期望值、产值期望值;

(2)损失期望值,如成本期望值、投资期望值等;

(3)机会期望值,如机会收益期望值、机会损失期望值等。

在例 7-1 中,假设市场需求大、中、小的概率如表 7-7 所示,那么该公司应生产哪种产品,才能使其收益最大?

表 7-7　效益表　　　　　　　　　　　　单位:万元

供选方案 A_i	自然状态		
	需求量大 S_1 $p_1=0.35$	需求量中 S_2 $p_2=0.4$	需求量小 S_3 $p_3=0.25$
A_1:生产产品Ⅰ	800	320	−250
A_2:生产产品Ⅱ	600	300	−200
A_3:生产产品Ⅲ	300	150	50
A_4:生产产品Ⅳ	400	250	100

计算各方案的期望收益值:

$$EMV_1 = 800\times0.35+320\times0.4-250\times0.25= 345.5$$
$$EMV_2 = 600\times0.35+300\times0.4-200\times0.25= 280$$
$$EMV_3 = 300\times0.35+150\times0.4+50\times0.25= 177.5$$
$$EMV_4 = 400\times0.35+250\times0.4+100\times0.25= 265$$

由于 $\max\{EMV_i\} = EMV_1 = 345.5$(万元),因此选择相应方案 A_1,即开发Ⅰ产品。

7.3.2　决策树准则

决策树是用来求解风险决策的又一方法,常用于序列决策。决策树是用树状图中的树干来反映决策步骤,用节点来反映决策在不同自然状态下的收益。当决策涉及多方案选择时,借助由若干节点和分支构成的树状图形,可形象地将各种可供选择的方案、可能出现的状态及其概率,以及各方案在不同状态下的条件结果值简明地绘制在一张图表上,以便讨论研究。决策树形图的优点在于系统、连贯地考虑各方案之间的联系,整个决策分析过程直观易懂、清晰明了。

决策树所用图解符号及结构如下所示:

□:表示决策点,也称为树根,由它引发的分枝称为方案分枝,方案节点被称为树枝,m 条分枝表示有 m 种供选方案。

○:表示策略点,其上方数字表示该方案的最优收益期望值,由其引出的 n 条线称为概率枝,表示有 n 种自然状态,其发生的概率已标明在分枝上。

△:表示每个方案在相应自然状态的效益值。

╫:表示经过比较选择,此方案被删除掉了,称为剪枝。

决策树形图是人们对某个决策问题未来可能发生的状态与方案的可能结果所作出

的预测在图纸上的分析。因此,画决策树形图的过程就是拟定各种可行方案的过程,也是进行状态分析和估算方案结果值的过程。画决策树形图时,应按照图的结构规范由左向右逐步绘制、逐步分析。

具体步骤如下:

第一步,根据实际决策问题,以初始决策点为树根出发,从左至右分别选择决策点、方案枝、状态节点、概率枝等画出决策树。

第二步,从右至左逐步计算各个状态节点的期望收益值或期望损失值,并将其数值标在各点上方。

第三步,在决策点将各状态节点上的期望值加以比较,选取期望收益值最大的方案。

第四步,对落选的方案要进行"剪枝",即在效益差的方案枝上画上"卄"符号。最后留下一条效益最好的方案。

【例 7-2】 某厂决定生产某产品,要对机器进行改造。投入不同数额的资金进行改造有三种方法,分别为购新机器、大修和维护,根据经验可知,销路好发生的概率为 0.6,相关投入额及不同销路情况下的效益值如表 7-8 所示,请选择最佳方案。

表 7-8 效益值表 单位:万元

供选方案	投资额 T_i	销路好 $p_1=0.6$	销路不好 $p_2=0.4$
A_1:购新机器	12	25	—20
A_2:大修	8	20	—12
A_3:维护	5	15	—8

【解】 (1)根据题意,作出决策树,见图 7-1。

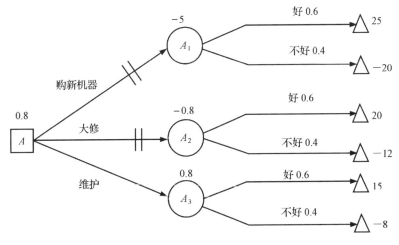

图 7-1 决策树

(2) 根据公式 $E(A_i) = \sum_j p_j V_{ij} - T_i$,分别计算各方案的效益期望:

$$E(A_1) = 0.6 \times 25 + 0.4 \times (-20) - 12 = -5$$

$$E(A_2)=0.6\times20+0.4\times(-12)-8=-0.8$$
$$E(A_3)=0.6\times15+0.4\times(-8)-5=0.8$$

（3）最大值为 $E(A_3)$

因此,选对应方案 A_3,即维护机器,并将 A_1、A_2 剪枝。

通过该例题可以看出,决策树法对于较复杂的多阶段决策问题十分有效,结合图形进行计算,使分析过程层次清晰。

7.3.3 贝叶斯决策

风险型决策的基本方法是将状态变量看成随机变量,用先验状态分布表示状态变量的概率分布,用期望值准则计算方案的满意程度。但是在实际生活中,先验概率分布往往与实际情况存在误差,为了提高决策质量,需要通过市场调查来收集有关状态变量的补充信息,对先验分布进行修正,然后用后验状态分布来决策,这就是贝叶斯决策。

7.3.3.1 贝叶斯决策的意义

在管理决策过程中,往往存在两种偏向,一是缺少调查,对状态变量情况掌握得非常粗略,这时做决策会使决策结果与现实存在很大差距,造成决策失误。二是进行细致调查,但是产生的费用很高,导致信息没有对企业产生应有的效益。这两个倾向,前者没有考虑信息的价值,后者没有考虑信息的经济性。只有将这两者有机地结合起来,才能提高决策分析的科学性和效益性。这就是贝叶斯决策要解决的问题。

在讨论贝叶斯决策之前,先回顾概率论的两个基本公式。

全概率公式的形式是:

$$P(A)=\sum_{i=1}^{n}P(A\mid\theta_i)P(\theta_i)$$

其中,$\theta_1,\theta_2,\cdots,\theta_n$ 为互不相容事件,贝叶斯公式是:

$$P(\theta|A)=\frac{P(\theta A)}{P(A)}$$

这里,$P(A)\neq0$。

称 $P(\theta_i)$ 为事件 θ_i 的先验概率,而称 $P(\theta_i|A)$ 为事件 θ_i 的后验概率。这里的 A 为任一事件,满足 $P(A)\neq0$。

7.3.3.2 贝叶斯决策的基本方法

设风险型决策问题的状态变量为 θ,通过市场调查分析所获得的补充信息用已发生的随机事件 H 或已取值的随机变量 τ 表示,称 H 或 τ 为信息值。信息值的可靠程度用 $P(H_i|\theta_i)$ 表示,即在状态变量 θ 的条件下信息值 H 的条件分布,在离散的情况下,θ 取 n 个值,H 取 m 个值,则条件分布矩阵为:

$$\begin{bmatrix} P(H_1\mid\theta_1) & P(H_1\mid\theta_2) & \cdots & P(H_1\mid\theta_n) \\ P(H_2\mid\theta_1) & P(H_2\mid\theta_2) & \cdots & P(H_2\mid\theta_n) \\ \vdots & \vdots & & \vdots \\ P(H_m\mid\theta_1) & P(H_m\mid\theta_2) & \cdots & P(H_m\mid\theta_n) \end{bmatrix}$$

这个条件分布矩阵称为贝叶斯决策的似然分布矩阵。此矩阵完整地描述了在不同状态值 θ_j 的条件下,信息值 H_i 的可靠程度。贝叶斯决策的基本方法是,首先,利用市场调查获取补充信息 H 或 τ,去修正状态变量 θ 的先验分布,即依据似然分布矩阵所提供的充分信息,用贝叶斯公式求出在信息值 H 或 τ 发生的条件下,状态变量 θ 的条件分布 $P(\theta_j|H_i)$。经过修正的状态变量 θ 的分布,称为后验分布,后验分布能够更准确地表示状态变量概率分布的实际情况。其次,利用后验分布对风险型决策问题做出决策分析,并测算信息的价值和比较信息的成本,从而提高决策的科学性和效益性。贝叶斯决策的关键在于依据似然分布,用贝叶斯公式求出后验分布。

贝叶斯决策的基本步骤如下:

(1)验前分析

依据统计数据和资料,按照自身的经验和判断,应用状态分析方法测算和估计状态变量的先验分布,并计算各可行方案在不同自然状态下的条件结果值,利用这些信息,根据某种决策准则,对各可行方案进行评价和选择,找出最满意的方案,称为验前分析。

(2)预验分析

考虑是否进行市场调查和补充收集新信息,决策分析人员要对补充信息可能给企业带来的效益和补充信息所花费的成本进行权衡分析,比较分析补充信息的价值和成本,称为预验分析。如果获取补充的费用很小,甚至可以忽略不计,本步骤可以省略,直接进行调查和收集信息,并依据所获的补充信息转入下一步骤。

(3)验后分析

经过预验分析,决策分析人员做出补充信息的决定,并通过市场调查和分析补充信息,为验后分析做准备。验后分析的关键是利用补充信息修正先验分布,得到更加符合市场实际的后验分布。然后,利用后验分布进行决策分析,选出最满意的可行方案。

验后分析和预验分析都是通过贝叶斯公式修正先验分布,不同之处在于,预验分析是依据可能的调查结果,侧重于判断是否补充信息;验后分析是根据实际调查结果,侧重于选出最满意的方案。

(4)序贯分析

社会经济实际中的决策问题,情况都比较复杂,可适当地将决策分析的全过程划分为若干阶段,每一个阶段都包括先验分析、预验分析和后验分析等步骤。这样多阶段互相连接,前阶段决策结果是后阶段决策的条件,形成决策分析全过程,称为序贯决策。序贯决策属于多阶段决策,本章主要讨论单阶段贝叶斯决策的基本方法。

【例7-3】 某工厂计划生产一种新产品,产品的销售情况有好(θ_1)、中(θ_2)、差(θ_3)三种,据以往的经验,估计三种情况的概率分布和利润如表7-9所示。

表7-9 三种情况的概率分布和利润

状态 θ_j	好(θ_1)	中(θ_2)	差(θ_3)
概率 $P(\theta_j)$	0.25	0.30	0.45
利润/万元	15	1	—6

为进一步摸清市场对这种产品的需求情况,工厂通过调查和咨询等方式得到一份市场调查表。销售情况也有好(H_1)、中(H_2)、差(H_3)三种,其概率列在表7-10中。

表7-10　销售情况概率

$P(H_i|\theta_j)$	θ_1	θ_2	θ_3
H_1	0.65	0.25	0.10
H_2	0.25	0.45	0.15
H_3	0.10	0.30	0.75

假定得到市场调查表的费用为0.6万元,试问:

(1)补充信息(市场调查表)价值多少?

(2)如何决策可以使利润期望值最大?

【解】　(1)验前分析。该厂生产新产品有两种方案,即生产方案(a_1)、不生产方案(a_2),产品市场有三种状态,即好、中、坏,三种状态的先验概率分别为:

$$P(\theta_1)=0.25; P(\theta_2)=0.30; P(\theta_3)=0.45$$

于是

$$E(a_1)=0.25\times15+0.3\times1+0.45\times(-6)=1.35$$
$$E(a_2)=0.25\times0+0.3\times0+0.45\times0=0$$

由风险型决策的期望值准则得到验前最满意方案:无论市场结果如何,都要生产,最大期望收益值为1.35万元。

(2)预测分析。要计算调查后的各个时期值,必须计算概率 $P(H_i)$ 和后验概率 $P(\theta_j|H_i)$。可把先验概率 $P(\theta_j)$ 和条件概率 $P(H_i|\theta_j)$ 代入全概率公式,求得概率 $P(H_i)$:

$$P(H_i)=P(\theta_1)P(H_i|\theta_1)+P(\theta_2)P(H_i|\theta_2)+P(\theta_3)P(H_i|\theta_3)$$

结果如表7-11所示。

表7-11　概率 $P(H_i)$

概率	$P(\theta_1)P(H_i|\theta_1)$	$P(\theta_2)P(H_i|\theta_2)$	$P(\theta_3)P(H_i|\theta_3)$	$P(H_i)$
H_1	0.1625	0.0750	0.0450	0.2825
H_2	0.0635	0.1350	0.0675	0.2650
H_3	0.0250	0.0900	0.3375	0.4525

用贝叶斯公式计算后验概率 $P(\theta_j|H_i)$:

$$P(\theta_j|H_i)=\frac{P(H_i|\theta_j)P(\theta_j)}{P(H_i)}$$

将上述有关概率值代入贝叶斯公式计算得表 7-12。

表 7-12 后验概率 $P(\theta_j|H_i)$

概率	$P(\theta_1|H_i)$	$P(\theta_2|H_i)$	$P(\theta_3|H_i)$
H_1	0.575	0.266	0.159
H_2	0.236	0.509	0.255
H_3	0.055	0.199	0.746

综上可得，当市场调查为 $H=H_1$ 时：

$$E(a_1)=0.575\times15+0.266\times1+0.159\times(-6)=7.937$$
$$E(a_2)=0$$

最大期望收益值：

$$E(a_{\text{opt}}\mid H_1)=7.937$$

当市场调查为 $H=H_2$ 时：

$$E(a_1)=0.236\times15+0.509\times1+0.255\times(-6)=2.519$$
$$E(a_2)=0$$

最大期望收益值：

$$E(a_{\text{opt}}\mid H_2)=2.519$$

当市场调查为 $H=H_3$ 时：

$$E(a_1)=0.055\times15+0.199\times1+0.746\times(-6)=-3.452$$
$$E(a_2)=0$$

最大期望收益值：

$$E(a_{\text{opt}}\mid H_3)=0$$

该企业通过市场调查所得的期望收益值：

$$E=0.2825\times7.937+0.2650\times2.519+0.4525\times0=2.91$$

综上可知，补充信息的价值是 2.91-1.35=1.56（万元），取得市场调查表这个补充信息的费用是 0.6 万元，因此取得补充信息是值得的。

取得最大利润期望值的最优策略是进行市场调查，如果调查结果是新产品销路好或中等，则进行生产；否则就不生产。这个策略获得的期望利润为：

$$2.91-0.6=2.31(万元)$$

(3)验后分析。

综上所述,如果市场调查费用不超过1.56万元,就应该进行市场调查,从而使企业新产品开发决策取得较好的经济效益。如果市场调查费用超过1.56万元,就不必进行市场调查。该企业进行市场调查,如果销路好,就应该选择生产;如果销路情况中等,也应该生产;如果销路差,就选择不生产。

从理论上分析,可以利用补充信息来修正先验概率,使决策的准确度提高,从而提高决策的科学性和效益性。

思 考 题

(1)定性决策与定量决策怎样协调?

(2)复杂决策分析一般是定性分析和定量分析相结合,为什么?定性分析的价值何在?

(3)论述决策的科学性与艺术性,并举例说明。

(4)什么叫贝叶斯决策?如何进行贝叶斯决策?

(5)简述贝叶斯决策的优点和不足。

(6)某保险公司欲将一种新的保险产品推向市场,拟定三种推销策略 S_1(网络广告), S_2(电话直销), S_3(召开产品宣传推广现场会);每种策略都可能出现效果好、中、差三种状态。不同策略的费用不一样,时效也不一样,如采用网络广告或电话销售宣传时效较短,现场会的时效较长。收益见表7-13。

表7-13 某保险公司保险产品的收益 单位:万元

策　略	效　果		
	好	中	差
S_1	80	60	−20
S_2	60	50	0
S_3	50	40	30

①若乐观系数 $\alpha=0.4$,请用非确定型决策的各种决策准则分别确定出相应的最优方案;

②已知效果好、中和差的概率分别是0.3、0.4和0.3,求收益期望最大与后悔期望最小的策略。

(7)某企业设计出一种新产品,有两种方案可供选择:一是进行批量生产,二是出售专利。这种新产品投放市场,估计有三种可能:畅销、中等、滞销,这三种情况发生的可能性依次估计为0.2,0.5和0.3。两方案在各种情况下的期望利润见表7-14。企业可以以1000元的成本委托专业市场调查机构调查该产品销售前景。若实际市场状况为畅销,则调查结果为畅销、中等和滞销的概率分别为0.9、0.06和0.04;若实际市场状况为中等,则调查结果为畅销、中等和滞销的概率分别为 0.05、0.9 和 0.05；若实际市场状况为滞销，则调查结果为畅销、中等和滞销的概率分别为 0.04、0.06 和 0.9。问：企业是否应委托专业市场调查机构进行调查？

表 7-14　两方案在各种情况下的期望利润　　　　单位:万元

方　案	状　态		
	畅销 0.2	中等 0.5	滞销 0.3
批量生产 d_1	80	20	−5
出售专利 d_2	40	7	1

8 系统工程应用实例

实例一 创业投资的风险评估应用

一、项目背景

创业投资具有高收益的同时伴随着高风险的特质,需要投资人或企业对投资项目的风险进行评估,避免自身遭受风险的冲击,从而制订相应的投资决策。与国外一些发达国家相比,我国创业投资发展起步较迟。2015 年中央经济工作会议提出,大力鼓励创新创业,推进万众创新创业的进程以及实施创新驱动发展战略,创业风险投资开始引起广大民众的关注。我国创业风险投资的发展极其不稳定,面临多方面的挑战,随着经济发展进入了新时代,创业风险投资也面临着新的挑战与契机。创业风险投资的外在环境发生了巨变,因此创业风险投资的相关研究成为现代大热话题。

在《2018 中国企业创新发展报告》中,对本年度创投生态现状进行了盘点,分析了创投的趋势方向,为创业人群选择创业入口、行业、资本等提供了一定的参考,也给投资方展示了创投现状。该"报告"是研究机构与媒体方首次联合推出,旨在促进中国经济的健康发展以及服务广大创业投资者。总的来说,我国的创业投资业发展迅猛,对促进经济发展的贡献巨大,如极大程度上提升了企业的创新研发能力、增加就业岗位、维护 GDP 稳步增长、推动创新行业产业集聚化以及为税收增长做出巨大贡献等。同时,创业投资业依然存在不少问题,从宏观方面来看,相关法律法规体系以及经济体制需进一步完善;从微观角度来看,相关创业投资公司的管理体制存在大量漏洞、市场经验不足、融资渠道有限、筹资方式有待规范、技术研发投入不足、缺乏专业管理以及遭受市场恶意竞争等因素,这些因素都会给创业投资带来一定的风险,因此有必要进行创业投资风险评估。创业投资风险评估就是对投资项目风险进行识别并对投资项目进行选择,是对项目实施后风险的判断及管理,需全面考虑投资过程中各种可能出现风险的问题,找出风险形成的起因,风险带来的后果以及影响程度大小。在我国创业投资项目高速发展的环境下,通过对企业创业投资风险进行评价,不但可以迅速帮助投资企业提升发展速度,加快追赶行业领先企业的脚步,还能降低投资风险率,让投资者们获得相对较高的利润。

二、项目概况

由于我国的投资行业起步比较晚,创业投资成功的案例极少,另外我国创业投资机构的投资案例信息比较封闭,难以有充足的数据来源。因此,本案例主要选取的是创业板上的创业公司。考虑到各公司所在地区,进行实际调研的可操作性以及相关资料获取的难易程度等相关因素,并结合实际情况,本案例选择了重庆、北京、杭州等地区在深圳交易所创业板上市交易的十家上市公司作为样本项目。通过实际调研所选择公司和现有的信息获取渠道这两种方式搜集相关数据资料,并汇总分析了所收集来的资料,由此获得样本项目的原始数据。在此数据的基础上,采用主成分分析法下的评估模型对选取的 10 个创业投资项目(基于保密性原则,先将十个项目分别命名为项目 A、项目 B、项目 C、项目 D、项目 E、项目 F、项目 G、项目 H、项目 I、项目 J)的相关风险进行综合分析,把项目的风险按大小进行排序,从而做出投资决策。现在存在一家创业投资公司 K,K 公司需要对这 10 个创业投资项目进行投资决策。该公司已经收到了来自这 10 个项目的商业计划书,并且这 10 个项目也都通过创业投资机构的初步选择,现在 K 公司需要做的就是在这 10 个项目中选择一个项目来进行创业投资。下面简单介绍风险评估项目,按照商业机密保密的要求,每家公司的名称均采用数据化方式命名。

三、使用主成分分析法对 K 公司进行投资风险评估

1. 创业投资风险评估指标体系的构建

因为创业企业的类型繁多且又各具特色,所以在对其进行风险指标评价时,会用不同的评价指标体系对评估对象进行评估。虽然已经有专家、学者对创业投资风险行业评估进行了相关研究,但比较遗憾的是,由于这种分类方法过于复杂,以致所遵循的划分方式差异较大,所构建形成的评价体系也较为复杂。判断一个评价体系是否科学,不能仅从其涉及的因素多少来判定,指标过于细化或繁多会出现内容重叠情况;而且在进行实际应用评估时,如果指标体系过于庞大,计算量会相当大且复杂,降低了分析速度。

所以,在针对该项目设计创业投资风险的评估体系时将重点放在了大多数行业的共性上,而弱化了不同行业自身的独特性,以此来突出影响风险的主要指标。构建普适性较高的风险评价体系,将有利于提高我国创业投资风险评价的科学性和合理性,对风险因素进行更全面的掌控。在借鉴现有的研究成果,总结前人研究成果与充分分析论证的基础上,同时结合我国创业投资的独特性,设计指标时遵循合理、可操作等原则,在探究归纳了各类风险产生的原因之后,构建了一个较为科学的评价体系,它主要涵盖五大类风险,共 17 个指标,具体内容见表 8-1。

(1)政策风险

政策风险是指国家在不同时期可以根据宏观环境的变化而改变政策,这必然会影响到企业的经济利益。企业资金的筹集、产品的销售等,受到国家产业政策、财政税收政策、货币金融政策的影响。例如,创业投资属于一种长期投资,国家为了完成特定的发展指标任务,会按照当时的宏观环境和实际形势有针对性地出台相关法律法规,来引导部分产业的发展,而一旦创业投资企业日常经营过程中,国家投资导向或产业政策发生改变,就可能会给创业投资带来一定的影响。

100

表 8-1 创业投资风险评估指标体系

一级指标	二级指标
政策风险	国家产业政策
	财政税收政策
	货币金融政策
技术风险	技术的可靠性
	技术的适用性
	技术的可替代性
	技术的发展前景
市场风险	产品竞争力
	市场进入壁垒
	市场需求情况
	目标市场的增长潜力
管理风险	创业者的能力及素质
	管理制度的合理性
	激励约束机制的完善性
	管理团队的构成及合作状况
环境风险	宏观经济环境
	社会环境

(创业投资风险评估指标体系)

①国家产业政策

国家产业政策是指国家为了协调国家产业结构,打造可持续发展、健康的国民经济,引导国家产业发展方向,推动产业结构升级而制定的政策,是政府通过干预产业的发展与形成,从而实现一定的社会目标与经济目标的各种政策的总和。行业的发展方向会随着国家产业政策的变化而不断变化,国家产业政策对社会企业也会产生巨大的影响。

②财政税收政策

财政政策是指国家为了处理各种财政分配与指导财政分配事项有针对性地出台的规定,它代表着国家所认可的财政分配关系。税收政策是国家为顺利完成特定的发展目标,对税收分配事项所指定的相关理念和规则。它们都属于国家的经济政策,并且对国家经济发展产生重要影响。而从这两个角度所发布的优惠政策可以降低企业成本、提高企业预期收益。

③货币金融政策

货币金融政策,是指中国人民银行采用的各种控制与调节货币供应量和信用量的政策、方针和措施,以便实现其特定的经济目标的总称。货币金融政策的稳定,有利于我国绿色经济的健康发展,这对我国的整体经济有良好的作用。

(2)技术风险

技术风险代表的是生产水平提升和科技进步给人们的生产生活活动所带来的风险。

创业投资绝大多数是投向高新技术产业,但由于技术水平不高、先进性较差和可替代的新科技会影响到企业的研发工作,因此,技术可行与否、先进与否,将会直接影响技术风险的高低,也会直接影响到创业企业的竞争力。技术风险具体包含以下四点:

①技术的可靠性,主要是指在特定时间和情境下,产品能够正常顺利地体现它的特定性能和它靠近最佳状态的程度的概率。所以,创业投资决策前应该要明确其相关的技术完善程度以及达标情况。

②技术的适用性,主要是指该项技术的使用门槛高低及其普适性水平。评价技术的适用性,可以通过观测该技术可应用的行业范围、使用时是否需要进行相应调整和改造、是否符合目前市场所确定的相关标准等事项来进行。

③技术的可替代性,如果一项技术在较长的时期内市场上都不会出现相似或者更优秀的其他技术,那么采用该技术的产品在市场竞争时会处于优势地位。当有类似技术出现,则对这项技术进行投资所面临的风险会相对较大。

④技术的发展前景,技术的增长潜力可以通过该技术的发展前景反映出来,就新兴技术而言,因其生命力旺盛,有较大的发展空间且有无限的创新潜力,因此获利能力非常大,而相对成熟的技术,因其未来的创新能力相对有限,可能会使其长期获利的能力受限。

(3)市场风险

市场风险的产生原因是基础资本市场价格大幅变化或者恶化所引起的衍生工具价值或价格的波动。宏观环境的多样性变动会使得企业市场规模缩小,难以实现原定的经营目标,严重时还会威胁到企业的存续。所以,进行创业投资决策时需要格外关注市场风险,技术、产品、财务评价都是基于市场分析而进行的,创业投资项目要想长期可持续发展必须要保障自身占据一定的市场规模,并且市场还要具有较大需求空缺,所以评估和研究其所面临的市场风险是不可缺少的一项工作。市场风险涵盖了产品竞争力、市场进入壁垒、市场的需求情况、目标市场的增长潜力。

①产品竞争力,产品的市场竞争既体现在与相同产品的竞争上,也存在于替代产品之间。新技术和产品一旦能够带来很高的经济效益,那么进入壁垒后对竞争者产生的实际效果就会降为零,市场上就会存在竞争对手。创业企业的市场风险会随着市场竞争激烈程度的增加而增加。

②市场进入壁垒,主要是指为了进入特定市场,竞争者需要克服政策规定、科技水平、资金投入等多个层面要求的难度,市场准入的情况一般可以从资金的规模、企业经营的规模、特性经营权、政策的保护程度、科技的含量等方面来考察。

③市场的需求情况,主要指市场对产品的接受度和需求大小。例如,一个迎合了市场发展方向的产品如果欠缺市场的关注度,那么它的需求也会受到很大程度上的削弱;相反,一旦其同时获得了市场的肯定和一定需求量,那么企业只要对其进行适当宣传,它就能够迅速占有可观的市场规模。

④目标市场的增长潜力,创业投资项目的未来收益直接受目标市场的增长空间与潜力、目标市场未来发展的规模、目标市场的增长速度等的直接影响。

（4）管理风险

管理风险是指管理运作过程中因管理不善、信息不对称、判断失误等对管理的水平造成影响。如果要保持创业投资日常运作的顺利进行，企业管理能力就应该维持在较高水平。管理上的漏洞可能会直接影响到创业投资项目的运营，而科学合理的管理体系将会给创业投资项目带来超额的回报。创业投资项目的风险很大程度上受到管理能力的高低的制约，管理能力的缺乏将会使创业投资面临巨大的风险。管理风险具体划分为以下四种类型：

①创业者的能力及素质。创业者能力的大小和素质的高低对于创业企业来说影响巨大，创业投资行业认为创业者水平高低是要优先于技术水平的，优秀的创业者才能更好地发挥技术优势、促进企业发展。因此，创业投资企业对企业管理层的综合能力水平有着严格的要求。

②管理制度的合理性。企业在管理时需要依据所制定的管理制度，现代企业管理必须要有合理的管理制度，健全合理的管理制度可以使企业的管理风险有效地降低。同时，管理制度的合理性也是经验管理转为科学管理的重要标志。

③激励约束机制的完善性。如果不能坚持公正公平的利益分配原则，则在企业成长的过程中，将导致管理层失和，甚至会对创业企业的发展产生严重的影响。所以，合理完善的创业企业激励机制，将会对企业的管理水平起到巨大的影响。

④管理团队的构成及合作状况。管理团队的结构是否合理、成员之间是否有向心力和协作精神、素质和能力高低、信息互通水平等因素均会对企业的管理水平产生影响。团队在企业发展过程中能起到突出的推动作用，所以创业企业必须要注重提升管理团队的管理水平。

（5）环境风险

环境风险是指人们的生产、生活活动中遇到偶发事件导致环境破坏的程度。而创业投资项目营运所处的环境也会影响到项目进展，投资的风险会随着环境变化而大大增加，而环境变化同时也会增加投资的机会。目前，我国的投资环境还不是很完善，例如，不规范的市场运作、不完善的制度保障等，这些因素均会显著提升投资风险。环境风险涉及以下两个方面：

①宏观经济环境，宏观经济环境会直接作用于创业投资项目的经营效益和运作等方面。可以从通胀率、GDP、物价水平等指数来把握宏观经济的情况。

②社会环境，社会环境对创业投资氛围会产生很大影响。如政府对投资者的态度、社会的意识形态、社会安全稳定、投资者的风险偏好等都是创业投资可能面对的问题。

2. 指标数据的收集及处理

前文构造的创业投资风险评估指标体系中包含了定量和定性两方面的因素，且定性因素占比多，因此，可量化的因素采用相应的原始财务指标数据等进行表示，不可量化的定性因素利用专家打分将其量化，以便进一步研究、分析。在评分时，各专家需要通过对商业计划书进行全面审查评估，确定出每个风险指标的评分值，从而评价出被评价项目在该指标上的表现，以及衡量比较可能产生的相关风险大小。

为了更好地评估创业投资项目的风险，在前文所建立的风险评估指标体系的基础上，组织 10 名专家分别对上述 10 个项目进行相关方面的分析,并评估出相应的风险指标评分值。专家成员包含了高校相关领域的专家、教授、学者,以及企业财务部门经理、从事项目投资的金融人员、从事项目投资风险分析的创业投资公司的相关人员等。在各专家给出的打分情况的基础上,结合被评价项目的各项相关财务指标数据,并加以统计分析处理,得到 10 个项目的各个风险指标的原始样本数据,详见表 8-2。

表 8-2　原始样本数据表

项目	政策风险	技术风险	市场风险	管理风险	环境风险
A	6	8	4	4	3
B	5	7	3	5	2
C	4	9	2	7	1
D	4	6	4	8	3
E	7	5	3	5	2
F	3	4	3	6	1
G	5	4	5	6	3
H	7	6	4	2	3
I	4	7	4	6	3
J	6	7	5	5	4

首先分析所收集到的原有变量之间是否有一定的线性关系,以此来确定是否能采用因子分析法的方式对因子进行提取。将原始指标数据导入 SPSS 软件进行分析,通过变量的相关系数矩阵进行分析,分析结果见表 8-3。

表 8-3　相关系数矩阵

风险指标		政策风险	技术风险	市场风险	管理风险	环境风险
相关系数	政策风险	1.000	0.035	0.282	-0.758	0.459
	技术风险	0.035	1.000	-0.293	-0.008	0.035
	市场风险	0.282	-0.293	1.000	-0.199	0.904
	管理风险	-0.758	-0.008	-0.199	1.000	-0.278
	环境风险	0.459	0.035	0.904	-0.278	1.000

从表 8-3 中可以看出,相关系数比较大的比例比较高,各个变量之间也存在着较强的线性关系,为公共因子的提取奠定了基础,从而从中提取公共因子并进行因子分析是合适且合理的。

3.基于主成分分析法的创业投资风险评估应用研究

(1)分析计算过程

首选进行尝试性分析。在原有变量的相关系数矩阵基础上,采用主成分分析法提取因子,并选出特征根,要求特征值比 1 大。具体的分析结果见表 8-4、表 8-5。

表 8-4　公因子方差

风险因素	初始	提取
政策风险	1.000	0.882
技术风险	1.000	0.996
市场风险	1.000	0.980
管理风险	1.000	0.894
环境风险	1.000	0.988

由表 8-4 可知,此时所有变量的共同度都维持在较高水平,每个变量丢失的信息数据也是极少的。这反映了因子提取的总体效果还是较为令人满意的。

表 8-5　解释的总方差

成分	初始特征值			提取平方和载入			旋转平方和载入		
	合计	方差百分比/%	累计方差贡献率/%	合计	方差百分比/%	累计方差贡献率/%	合计	方差百分比/%	累计方差贡献率/%
1	2.460	49.202	49.202	2.460	49.202	49.202	1.910	38.191	38.191
2	1.321	26.429	75.631	1.321	26.429	75.631	1.772	35.430	73.621
3	0.960	19.193	94.824	0.960	19.193	94.824	1.060	21.203	94.824
4	0.236	4.718	99.541						
5	0.023	0.459	100.000						

第一组数据项统计的是初始因子解的情况。从中可以发现,第 1 个因子的特征值是 2.460,解释原有 5 个变量总方差的 49.202%,累计方差贡献率是 49.202%,其余数据以此方式类推,所包含的含义与上述类似。在初始解中因为提取了 5 个因子,所以原有变量的总方差均被解释掉。

第二组数据项反映的是因子解的情况。从中可以看出,在指定了提取的 2 个因子之后,3 个因子一起对原有变量总方差的解释达到 94.824%。总体上而言,在原有变量的信息资料丢失并不多的情形之下,因子分析效果还是比较理想的,可以接受。

第三组数据项反映的是最终因子解的情况。在因子旋转之后,累计方差贡献率并没有改变,换而言之,就是对原有变量的共同度并没有产生什么影响,但是重新对各个因子解释原有变量的方差进行了分配,这使得各因子的方差贡献有一定的改变,因子的解释性功能进一步加强,更加方便解释。

　　由图 8-1 可知,在解释原有变量的过程中,1 号因子所发挥的作用最大,而从 4 号开始所对应的特征值相对较小,它们所发挥的作用也可以视为零,因此前三个因子的解释科学性较强。

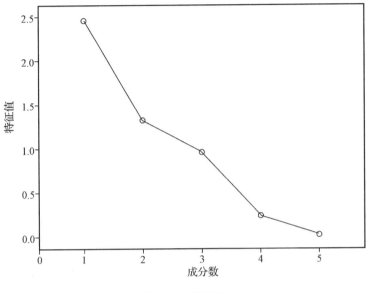

图 8-1　碎石图

　　由表 8-6 能够看出,五类风险在 1 号因子上的载荷普遍处于较高水平,这代表 1 号因子的重要性最高;而这些风险因素与 2 号因子的相关程度都处于较低水平,其对解释原有变量的效果也十分有限。此外不难发现,1 号、2 号、3 号因子所指代的内容并不明确。

表 8-6　成分矩阵

风险指标	成分		
	1	2	3
环境风险	0.865	0.308	0.381
市场风险	0.801	0.567	0.130
政策风险	0.775	−0.504	−0.166
管理风险	−0.675	0.586	0.307
技术风险	−0.118	−0.554	0.822

注:已提取了 3 个成分。

　　按照 1 号因子荷载从高到低将旋转所得的荷载进行排列,如表 8-7 所示。

表 8-7　旋转成分矩阵

风险指标	成分		
	1	2	3
环境风险	0.961	0.232	0.106
市场风险	0.957	0.099	−0.235
管理风险	−0.073	−0.943	0.021
政策风险	0.246	0.905	0.052
技术风险	−0.073	−0.020	0.995

注:旋转在 5 次迭代后收敛。

由表 8-7 可知,环境风险、市场风险对应 1 号因子的载荷水平较高,所以使用 1 号因子对这些风险因素进行解释较为合适,也可以归纳为外部风险;管理风险、政策风险两种风险类型对应 2 号因子的载荷水平较高,所以使用 2 号因子对这些风险因素进行解释较为合适,也可以归纳为外部风险;技术风险使用 3 号因子进行解释。旋转后因子所代表的内容变得更为明确。

使用 SPSS 软件进行主成分分析得到因子提取结果,前 3 个因子的贡献率相加累计为 94.824%。

计算因子得分函数,并且利用 SPSS 进行回归计算得到具体系数大小:

$$F_1 = 0.55x_1 + 0.51x_2 + 0.59x_3 - 0.43x_4 + 0.55x_5$$
$$F_2 = 0.27x_1 + 0.49x_2 - 0.44x_3 + 0.51x_4 - 0.48x_5$$
$$F_3 = 0.39x_1 + 0.13x_2 - 0.17x_3 + 0.31x_4 + 0.84x_5$$

把前面 3 个因子特征值的贡献率当作权重系数能够得出评估的最终结果,具体的函数式如下:

$$F = 0.49F_1 + 0.26F_2 + 0.19F_3$$

根据公式计算得出结果,见表 8-8。

表 8-8　各创业投资项目的 F_1、F_2、F_3、F 值

项目	F_1	F_2	F_3	F
A	1.695	−0.133	0.499	0.891
B	−0.362	0.638	−0.354	−0.079
C	−1.745	2.617	−0.781	−0.323
D	−0.776	0.113	0.539	−0.249
E	−0.183	0.433	0.042	0.031
F	−2.927	0.149	−1.823	−1.742
G	0.041	−1.372	0.102	−0.318
H	1.995	−1.155	0.241	0.723
I	0.058	−0.207	0.242	0.020
J	2.204	−1.081	1.293	1.045

（2）评估结果分析

可以利用综合评价函数对风险投资项目的风险程度进行评价，从而使风险投资项目能够从量化角度建立起科学的评价模型，最后得出的综合评分和项目的风险程度成正比。在对风险投资项目决策进行评估时，可以在比较不同风险项目的综合评分的基础上，结合项目收益的评价结果进行综合考量。此外，值得一提的是，如果评价过程所涉及的指标数量过多且关系混乱，难以使用层次划分法单独测算不同指标，换句话说，在难以开展主成分分析时，函数模型能够发挥出更大的作用。

综上所述，避免不同风险相互间的信息重复可以利用主成分分析法得以实现，并且可以建立起项目风险值和随机变量（风险变量）二者的线形关系，以此来弥补其他分析评估方法的不足。

从表 8-8 中 F_1 所在列的数据来看，外部风险最大的是项目 J；如果 K 公司对外部风险规避能力较差，在进行创业投资决策时，则不应该考虑项目 J，而是考虑选择其他项目。从表 8-8 中 F_2 所在列的数据来看，内部风险最大的是项目 G；如果 K 公司对内部风险规避能力差，在进行创业投资决策时，则不应该考虑项目 G，而应该偏向于投资其他项目。按照这种方法，对比不同项目风险的大小，项目 J 的风险值最大，项目 F 的风险值最小，所以创业投资应该偏向于项目 F。

总的来看，风险类型的确定是对创业项目进行评价的基础，然后应该采集相应的数据信息，尽量精简风险评价的工作量。此外，创业投资公司的投资习惯也是影响投资决策的关键，所以也要将这一因素纳入考虑范围。

实例二 美的集团物流模式的决策研究

一、背景资料

美的集团在 2000 年建立自己的物流外包公司——安得物流公司，其物流管理结构采用集权模式，即自营式物流。美的集团通过把原先各事业部分散的仓储运输资源整合交给安得物流公司，从而形成一个拥有全国性仓储及运输物流网络的专业性物流公司。安得物流公司是美的集团的一个全资子公司，美的集团总部负责监督管理安得物流公司的招标等重要事物。安得物流已经进入中国物流百强企业行列并开启 B2C、C2C 物流业务，2013 年安得物流被纳入美的集团整体上市。安得物流作为一家 5A 级物流企业，在全国范围内拥有完善的直配网络资源。

目前，美的集团所有物流业务都由安得物流来做，同时安得物流还是一个非常强大的第三方物流供应商，目前已经完成采购物流、生产物流、销售物流、逆向物流等供应链全链条的布局，在业务上完全将价格市场化。安得物流为将近 500 家企业提供物流服务，聚焦在家用电器、快速消费品、汽车及配件、电子通信及医药化工行业等。安得物流之于美的，在战略意义上体现了企业从资源整合中获取产业链价值；从美的安得物流分工组织来看，其优点是通过物流业务剥离分工来提高专业化水平，安得物流公司可以投入更多精力培养专业物流人才，加强物流职能及关注发展趋势，提高运作水平；从安得物流业务内容来看,安得物流不仅接收美的集团物流业务,而且大量接收其他企业的物流业务,以此不断提高其专业化服务水平和大型物流设备的规模效应,这样不仅可以更好地为美的集团服务,而且可以为企业带来丰厚的利润。

二、使用模糊综合评价法进行实证分析

首先运用模糊综合评价法分别评价美的集团自营的安得物流公司和第三方物流公司,并进行对比分析。第三方物流公司的选取条件,首先第三方物流公司必须有能力运输家电商品。顺丰是快递服务行业的龙头企业,其直营的网点模式使其能够快速地将商品进行寄送,并且破损率、丢失率非常低,所以其可以承担重要信件以及贵重商品的运输业务。德邦企业是中国最大的零担物流企业,在"大件快递发德邦"的定位驱动下,在大件配送领域精耕细作,其运输特点是城市之间的仓库对仓库的运输。所以,两个企业是中国第三方物流的代表型企业,均有能力承担家电等大件贵重物品的运输任务。

其次是所选取的第三方物流企业的服务水平、顾客的满意度要高。中华人民共和国邮政局官网关于《国家邮政局 2016 年 1—12 月邮政业消费者申诉情况的通告数据》(图8-2)显示,顺丰和德邦均有较低的顾客申诉率,物流的服务水平较高。在既满足家电商品运输的能力要求又有较高服务水平的企业中,选取顺丰速运和德邦快递作为美的集团第三方物流的候选企业。

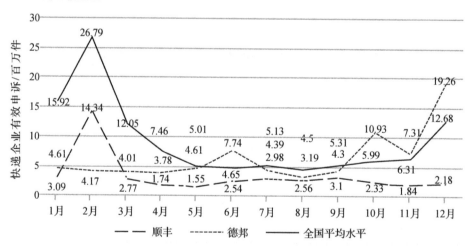

图 8-2 2016 年 1—12 月物流企业申诉情况

1. 评价指标体系的确定

物流模式选择和评价离不开指标体系的构建,指标的确立、归纳与筛选是建立评价指标体系的基础,而评价指标体系是科学管理决策所必需的。评价指标反映决策方案的经济性、技术性、风险性,评价指标体系构建应当遵循一些原则,除需具备指标的客观性、科学性、目的性等一般原则外,还要考虑全面性原则、实用性原则、可操作原则、可采集原则、可比性原则等。

本案例中,物流模式选择的评价指标体系可以分为计量指标和非计量指标,即定量

指标和定性指标。计量指标就是数值分析指标,包括价值量指标、实物量指标、比率指标。计量指标较为具体、直观,评价时有明确可供参考的标准和实际数值。非计量指标是人们通常说的定性指标,是根据经验判断其在某个标准上的隶属程度。非计量指标在评价过程中难以具体化,通过对非计量指标在参考标准上进行评价计分进行量化处理,从而使整个指标体系数量化以便进行模型计算。

在物流模式选择指标体系方面,不同学者考虑的因素不同、运用的模型不同,从而给出的指标体系也不同,通过对物流模式选择影响因素的总结和相关学者构建指标体系的归纳,本案例选择物流成本、企业实力、服务水平、物流重要性四个因素作为物流模式决策的评价指标。在这四个指标基础上,对指标进一步细化,并将指标体系分为两个层级,一级指标有 4 个,二级指标在一级指标的基础上分为 21 个,具体见表 8-9。

表 8-9　评价指标体系

	一级指标	二级指标
物流模式选择的指标体系 A	物流成本 A_1	人员费用 A_{11}
		办公费用 A_{12}
		材料费用 A_{13}
		车辆 A_{14}
		折旧和维修费用 A_{15}
		仓库 A_{16}
	企业实力 A_2	资产 A_{21}
		资金流 A_{22}
		销售收入 A_{23}
		销售增长率 A_{24}
		利润率 A_{25}
		负债水平 A_{26}
	服务水平 A_3	丢失破损率 A_{31}
		及时性 A_{32}
		送货上门率 A_{33}
		快递员态度 A_{34}
	物流重要性 A_4	物流柔性 A_{41}
		物流覆盖程度 A_{42}
		物流管理能力 A_{43}
		信息安全 A_{44}
		销售渠道控制 A_{45}

2. 模糊综合评价法基本步骤

模糊综合评价法是一种基于模糊数学的综合评价方法,它根据模糊数学的隶属度理论把定性评价转化为定量评价,能较好地解决难以量化的问题,适合各种非确定性问题的解决,对受到多种因素制约的事物或对象做出一个总体的评价。评价步骤为:

(1)设定评价集合。创建确切的评价对象的评语集,即评价等级集合 $V=\{V_1,V_2,V_3,V_4\}=\{优,良,中,差\}$,其中评分等级优为 $80\sim100$,良为 $60\sim80$,中为 $40\sim60$,差小于 40。确定评价因素集即指标集合 $U=\{U_1,U_2,\cdots,U_n\}$,其中 $U_i(i=1,2,\cdots,n)$ 表示评价事物的第 i 个影响因素。

(2)建立隶属度关系矩阵 $\boldsymbol{R}$,依据评价等级集合 V 中的各等级对 U 中的每个指标进行隶属程度评判,假设 U 中的子指标 U_i 对应评价等级隶属度子集为 $R_i=\{r'_{i1},r'_{i2},\cdots,r'_{in}\}$,其中 r'_{ij} 表示 U_i 对集合 V 中评价等级及其对应的数值 V_j 的隶属程度,且 $r'_{i1}+r'_{i2}+\cdots+r'_{in}=1$。

(3)计算权重向量 $\boldsymbol{W}$。应用层次分析法计算出 U_i 相应的权重 W_i,权重向量设为 $\boldsymbol{W}=(W_1 \quad W_2 \quad \cdots \quad W_i \quad \cdots \quad W_m)$。

(4)综合判断。根据计算得到的权重向量 $\boldsymbol{W}$ 和模糊评判中得到的 $\boldsymbol{R}$ 获得评价结果向量 $\boldsymbol{B}=\boldsymbol{W}\times\boldsymbol{R}$,根据最大隶属度原则取 $\boldsymbol{B}$ 中最大值所对应的评价等级作为评价结果。

(5)对比判断结果。对于几种选择评价方案分别进行模糊综合评价的判断,最后得到最合适的方案。

3.使用层次分析法计算指标权重

本案例中构建的层次分析结构的层次和模糊因素集层次是一一对应的,即一级因素集 $U_1=\{A_1,A_2,A_3,A_4\}$,二级因素集 $U_2=\{B_1,B_2,\cdots,B_{21}\}$,通过咨询专家给各级因素打分,为了使打分客观、公正、合理,笔者设计指标体系统计表,并咨询家电行业多家公司的专家,通过匿名方式征询这些专家的意见,对专家意见进行统计、处理、分析和归纳,客观地综合多数专家的经验与主观判断,对大量难以采用技术方法进行定量分析的因素做出合理估算,经过多轮意见征询、反馈和调整后,计算出各个因素的权重系数。

(1)一级指标的权重计算以及检验

按照每个专家评估的关键性排列顺序,对一级指标层的四个指标进行两两比较,得到判断矩阵,见表 8-10。

表 8-10 一级指标判断矩阵表

指标	A_1	A_2	A_3	A_4
A_1	1	2	1	3
A_2	1/2	1	1/2	1/2
A_3	1	2	1	4
A_4	1/3	2	1/4	1

根据 MATLAB 运算能够得出它的最大特征值 $\lambda_{max}=4.2$,与之相匹配的归一化处理后的特征向量为 $\boldsymbol{W}=(0.35 \quad 0.13 \quad 0.38 \quad 0.14)$,$CI=0.07$,$RI=0.9$,$CR=\dfrac{0.07}{0.9}=0.08<0.1$,通过一致性检验。

(2)二级指标的权重计算以及检验

二级因素层的结构是 $A_1 = \{B_1, B_2, \cdots, B_6\}$，$A_2 = \{B_7, B_8, \cdots, B_{12}\}$，$A_3 = \{B_{13}, B_{14}, B_{15}, B_{16}\}$，$A_4 = \{B_{17}, B_{18}, \cdots, B_{21}\}$，其中 A_1 判断矩阵权重及检验见表 8-11。

表 8-11　A_1 判断矩阵

指标	A_{11}	A_{12}	A_{13}	A_{14}	A_{15}	A_{16}
A_{11}	1	2	5	1/2	3	1/3
A_{12}	1/2	1	3	1/3	2	1/5
A_{13}	1/5	1/3	1	1/4	1/2	1/9
A_{14}	2	3	4	1	5	1/2
A_{15}	1/3	1/2	2	1/5	1	1/7
A_{16}	3	5	9	2	7	1

同理可得其权重向量 $\boldsymbol{A}_1 = (0.16\quad 0.09\quad 0.04\quad 0.24\quad 0.06\quad 0.42)$，$\lambda_{\max} = 6.11$，$CI = 0.02$，$RI = 1.24$，$CR = 0.02 < 0.1$，通过一致性检验。

A_2 判断矩阵权重计算及检验见表 8-12。

表 8-12　A_2 判断矩阵

指标	A_{21}	A_{22}	A_{23}	A_{24}	A_{25}	A_{26}
A_{21}	1	2	5	4	6	3
A_{22}	1/2	1	3	5	7	2
A_{23}	1/5	1/3	1	1/2	7	1/2
A_{24}	1/4	1/5	2	1	3	1/2
A_{25}	1/6	1/7	1/7	1/3	1	1/2
A_{26}	1/3	1/2	2	1/2	2	1

同理可得其权重向量 $\boldsymbol{A}_2 = (0.38\quad 0.27\quad 0.09\quad 0.12\quad 0.04\quad 0.11)$，$\lambda_{\max} = 6.57$，$CI = 0.11$，$RI = 1.24$，$CR = 0.09 < 0.1$，通过一致性检验。

A_3 判断矩阵权重计算及检验见表 8-13。

表 8-13　A_3 判断矩阵

指标	A_{31}	A_{32}	A_{33}	A_{34}
A_{31}	1	1	2	2
A_{32}	1	1	2	2
A_{33}	1/2	1/2	1	2
A_{34}	1/2	1/2	1/2	1

同理可得其权重向量 $\mathbf{A}_3 = (0.33 \quad 0.33 \quad 0.20 \quad 0.14)$，$\lambda_{max} = 4.06$，$CI = 0.02$，$RI = 0.9$，$CR = 0.02 < 0.1$，通过一致性检验。

A_4 判断矩阵计算及检验见表 8-14。

表 8-14　A_4 判断矩阵

指标	A_{41}	A_{42}	A_{43}	A_{44}	A_{45}
A_{41}	1	1	2	1	2
A_{42}	1	1	1/2	2	3
A_{43}	1/2	2	1	2	5
A_{44}	1	1/2	1/2	1	1
A_{45}	1/2	1/3	1/5	1	1

同理可得其权重向量 $\mathbf{A}_4 = (0.24 \quad 0.23 \quad 0.29 \quad 0.14 \quad 0.09)$，$\lambda_{max} = 5.14$，$CI = 0.01$，$RI = 1.12$，$CR = 0.09 < 0.1$，通过一致性检验。

三、自营物流模式评价

美的集团目前的自营物流是安得物流公司，该公司是美的集团的子公司，同时也是一个专业的第三方物流公司，对外承担其他企业的物流服务。对美的集团自营物流的评价过程如下：

制作评价值调查表，分别走访 13 位物流企业的专家，专家给出的指标层中各个影响因素相对于评价等级 V 中各优劣等级从属关系，并在选中的单元格中填写"√"，最后统计各单元格中"√"总数，即为各项的评价值。经过个人汇总得到以下评语集的值，结果见表 8-15。

表 8-15　自营物流二级指标评语集

指标	A_{11}	A_{12}	A_{13}	A_{14}	A_{15}	A_{16}	A_{21}	A_{22}	A_{23}	A_{24}	A_{25}
优	5	1	1	4	0	6	4	2	1	1	0
良	4	3	2	6	1	5	7	7	3	1	3
中	2	7	4	3	5	2	2	3	3	5	4
差	2	2	6	0	7	0	0	1	6	6	6

指标	A_{26}	A_{31}	A_{32}	A_{33}	A_{34}	A_{41}	A_{42}	A_{43}	A_{44}	A_{45}
优	0	5	6	4	4	1	2	2	0	0
良	1	6	4	4	6	5	6	5	4	2
中	6	2	3	3	2	6	4	4	4	5
差	6	0	0	2	1	1	1	2	5	6

1. 将表 8-15 的评价值进行归一化处理，得到归一化结果，见表 8-16。

表 8-16　自物流二级指标评语集归一化结果

指标	A_{11}	A_{12}	A_{13}	A_{14}	A_{15}	A_{16}	A_{21}	A_{22}	A_{23}	A_{24}	A_{25}
优	0.31	0.08	0.08	0.31	0	0.46	0.31	0.15	0.08	0.08	0
良	0.38	0.23	0.15	0.46	0.08	0.38	0.54	0.54	0.23	0.08	0.23
中	0.15	0.54	0.31	0.23	0.38	0.15	0.15	0.23	0.23	0.38	0.31
差	0.15	0.15	0.46	0	0.54	0	0	0.08	0.08	0.46	0.46

指标	A_{26}	A_{31}	A_{32}	A_{33}	A_{34}	A_{41}	A_{42}	A_{43}	A_{44}	A_{45}	
优	0	0.38	0.46	0.31	0.31	0.08	0.15	0.15	0	0	
良	0.08	0.46	0.31	0.31	0.46	0.38	0.46	0.31	0.31	0.15	
中	0.46	0.15	0.23	0.23	0.15	0.46	0.31	0.31	0.31	0.38	
差	0.46	0	0	0.15	0.08	0.08	0.08	0.15	0.38	0.46	

根据表 8-16 得到隶属度矩阵即单因素判断矩阵 $\boldsymbol{R}_1$、$\boldsymbol{R}_2$、$\boldsymbol{R}_3$、$\boldsymbol{R}_4$。对于物流成本因素 A_1，其对应的二级指标 $B_i(i=1,2,\cdots,6)$ 的单因素判断矩阵为：

$$\boldsymbol{R}_1=\begin{bmatrix} 0.31 & 0.38 & 0.15 & 0.15 \\ 0.08 & 0.23 & 0.54 & 0.15 \\ 0.08 & 0.15 & 0.31 & 0.46 \\ 0.31 & 0.46 & 0.23 & 0 \\ 0 & 0.08 & 0.38 & 0.54 \\ 0.46 & 0.38 & 0.15 & 0 \end{bmatrix}$$

$$\boldsymbol{B}_1=\boldsymbol{W}_1\boldsymbol{R}_1=(0.33 \quad 0.36 \quad 0.23 \quad 0.09)$$

同理，可得：

$$\boldsymbol{B}_2=(0.21 \quad 0.41 \quad 0.24 \quad 0.15)$$
$$\boldsymbol{B}_3=(0.38 \quad 0.38 \quad 0.19 \quad 0.04)$$
$$\boldsymbol{B}_4=(0.1 \quad 0.36 \quad 0.35 \quad 0.18)$$

2. 构建一级因素 A_1, A_2, A_3, A_4 的单因素评判矩阵：

$$R = \begin{bmatrix} 0.33 & 0.36 & 0.23 & 0.29 \\ 0.21 & 0.41 & 0.24 & 0.15 \\ 0.38 & 0.38 & 0.19 & 0.04 \\ 0.1 & 0.36 & 0.35 & 018 \end{bmatrix}$$

最后，根据公式 $B = WR = (0.3 \quad 0.37 \quad 0.23 \quad 0.09)$，根据最大隶属度原则可知，美的集团选择自营物流的评价为良，总得分 $F = 0.78$（分）。

四、外包物流模式评价

1. 对顺丰物流的模糊综合评价

根据专家的打分汇总出来的评语集见表 8-17。

表 8-17　顺丰物流二级指标评语集

指标	A_{11}	A_{12}	A_{13}	A_{14}	A_{15}	A_{16}	A_{21}	A_{22}	A_{23}	A_{24}	A_{25}
优	0	0	0	4	0	5	3	2	1	1	1
良	2	2	2	5	1	6	8	6	3	2	3
中	6	7	5	4	5	2	2	4	3	4	3
差	5	4	6	0	7	0	0	1	6	6	6
指标	A_{26}	A_{31}	A_{32}	A_{33}	A_{34}	A_{41}	A_{42}	A_{43}	A_{44}	A_{45}	
优	0	2	3	4	2	2	1	0	0	0	
良	2	4	4	4	4	6	6	2	1	0	
中	5	5	3	3	6	4	4	7	5	5	
差	6	1	3	2	1	1	2	4	7	8	

同理，将表 8-17 的评价值进行归一化处理，按照模糊综合评价法计算流程，最后得到：

$$B = WR = (0.19 \quad 0.33 \quad 0.31 \quad 0.17)$$

根据最大隶属度原则可知，选择顺丰速递物流公司的方案评价结果为良，总评分为 $F = 0.71$（分）。

2. 对德邦物流的模糊综合评价

根据专家的打分汇总出来的评语集见表 8-18。

表 8-18 德邦物流二级指标评语集

指标	A_{11}	A_{12}	A_{13}	A_{14}	A_{15}	A_{16}	A_{21}	A_{22}	A_{23}	A_{24}	A_{25}
优	0	0	0	3	0	2	2	2	1	1	1
良	2	2	1	5	2	6	8	6	3	3	2
中	5	6	6	4	4	2	3	4	3	4	4
差	6	5	6	1	7	3	0	1	6	5	6
指标	A_{26}	A_{31}	A_{32}	A_{33}	A_{34}	A_{41}	A_{42}	A_{43}	A_{44}	A_{45}	
优	0	1	1	1	1	1	0	0	0	0	
良	1	2	3	6	5	6	6	3	0	1	
中	6	5	6	4	5	5	5	6	6	4	
差	6	5	3	2	1	1	2	4	7	8	

同理将表 8-18 的评价值进行归一化处理,按照模糊综合评价法计算流程最后得到:

$$\boldsymbol{B} = \boldsymbol{WR} = (0.09 \quad 0.32 \quad 0.34 \quad 0.25)$$

根据最大隶属度原则可知,选择德邦速递物流公司的方案评价结果为中,总评分为 $F = 0.65$(分)。

3. 物流联盟模式评价

根据以上对自营物流模式的安得物流,以及顺丰速递和德邦物流两个外包物流模式的评价可知,对于美的集团选择自营物流和将物流外包给顺丰速递的方案为良,将物流外包给德邦物流的方案评价为中。从而考虑将自营物流和外包物流结合组成物流联盟形式,即安得物流和顺丰物流组成物流联盟的形式,并进一步运用模糊综合评价法进行评价。

根据专家的打分汇总出来的评语集见表 8-19。

表 8-19 物流联盟二级指标评语集

指标	A_{11}	A_{12}	A_{13}	A_{14}	A_{15}	A_{16}	A_{21}	A_{22}	A_{23}	A_{24}	A_{25}
优	1	0	2	4	0	3	3	2	1	1	0
良	3	3	2	4	2	7	8	6	3	2	3
中	5	8	4	5	5	3	2	4	4	4	4
差	4	3	5	0	6	0	0	1	5	6	6
指标	A_{26}	A_{31}	A_{32}	A_{33}	A_{34}	A_{41}	A_{42}	A_{43}	A_{44}	A_{45}	
优	0	1	1	1	1	1	0	0	0	0	
良	1	2	3	6	5	6	6	3	0	1	
中	6	5	6	4	5	5	5	6	6	4	
差	6	5	3	2	1	1	2	4	7	8	

同理,将表 8-19 的评价值进行归一化处理,按照模糊综合评价法计算流程,最后得到:

$$\boldsymbol{B}=\boldsymbol{WR}=(0.16 \quad 0.36 \quad 0.34 \quad 0.15)$$

根据最大隶属度原则可知,选择安得物流和顺丰组成的物流联盟模式的方案评价结果为良,总评分为 $F=0.7$(分)。

五、方案选择

根据前文的计算可以得到美的集团选择不同物流模式的评价分,得分最高的是自营物流安得物流,评价为良,分数为 0.78 分;外包物流中顺丰速递评价为良,得分 0.71 分;而德邦物流评价为中,得分为 0.65 分,安得物流和顺丰组成的物流联盟模式评价为良,得分为 0.7 分。所以,最终方案选择自营物流模式,即维持目前的安得物流公司承担美的集团的物流业务。

选择结果和实际符合,因为安得物流不仅承担其自身的物流业务,同时也承担其他企业的物流业务,这样不仅满足了自身的物流需求,同时也为企业创造了收益。对于顺丰速递和德邦物流的评价同样和现实符合,因为现在家电行业线上销售火热,而顺丰速递在承担大件贵重物品运输方面服务水平高、货损率低、运输速度快;而德邦物流目前大部分业务是零担物流,对于速递业务则刚刚起步,所以承担家电线上销售的速递运输困难。

实例三 我国基于 ISM 的节能服务公司风险因素分析

一、背景资料

随着国际竞争的激烈和经济的高速发展,伴随而来的能源消耗和环境污染也日益加剧。中国自然资源十分丰富,但能源使用效率不到 10%,并于 2010 年超过美国成为世界第一能源消耗国。能源的需求和管理为我国可持续发展目标的实现提出了新的要求,也为产业结构的节能降耗指明了新的战略方向。

合同能源管理是一种以市场化为导向、以促进节能为目标的新型服务机制,其实质是以减少的能源费用来支付节能项目全部成本的节能投资方式。自 1998 年引入我国以来,其在节能减排方面的灵活性和有效性得到了普遍认可并取得了一定的经济效益,我国政府也相继出台了许多政策来促进合同能源管理的发展。但不可否认的是,合同能源管理在我国具体实践过程中发展并不顺利,许多因素制约了其发展进程,作为合同能源管理的主体实施者,节能服务公司更是面临着从内到外的许多风险因素。如何对风险因素进行科学合理的识别和管理,已成为影响节能服务公司发展的重要问题。

基于节能服务公司视角,按照风险管理过程对我国节能服务公司面临的服务因素进行研究。采用案例分析和文献综述相结合的方法对我国节能服务公司面临的不确定因素进行识别分析,构建节能服务公司的风险指标体系,运用解释结构模型(ISM)的理论和方法,通过构建节能服务公司风险因素的解释结构模型图,得到风险因素的不同层次,并对风险因素相互之间的传递和作用路径进行研究。

二、解释结构模型(ISM)分析过程

1.确定风险因素集

节能服务公司在我国发展的过程中,不管是外部环境还是内部运营都存在着不确定性。由于自身的设计团队、建设团队、管理团队的水平有限,与耗能企业的合作关系难以处理,以及所处的社会大环境的变化等,都会为节能服务公司带来风险。通过案例分析和文献综述相结合的方法,从案例出发,结合相关文献的具体阐述,对我国的节能服务公司面临的风险因素进行分析和归纳,共整理出 12 个风险因素:政策风险、经济风险、市场风险、宣传风险、自然风险、运营风险、技术风险、融资风险、收益风险、客户风险、信用风险、合同风险,在节能效益分享模式下,节能服务公司的风险系统的要素集为 $S=(S_1, S_2, S_3, \cdots, S_{12})$,如图 8-3 所示。

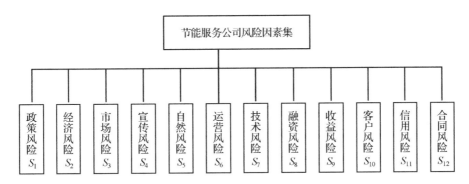

图 8-3 节能服务公司的风险因素集

2.建立风险因素关系表

为得到节能效益分享模式下节能服务公司风险因素之间的相互影响关系,本案例采取了专家讨论法,借助专家在该领域的专业知识和实践经验来分析各个风险因素的直接影响关系。选取 10 位合同能源管理项目研究领域的管理人员和研究人员,通过邮件的形式,让其对节能服务公司风险因素之间的相互影响关系进行判断。对专家咨询结果进行判断,意见统一的因素直接保留;对于意见不统一的因素,再次发邮件咨询,直至所有的判断都统一为止。

通过上述办法,最终得到节能效益分享模式下节能服务公司的风险因素之间两两相互影响关系,见表 8-20。其中,"1"表示风险因素之间有直接影响关系,"0"表示没有影响关系或影响关系极小。

表 8-20　节能服务公司的风险因素关系表

因素	S_1	S_2	S_3	S_4	S_5	S_6	S_7	S_8	S_9	S_{10}	S_{11}	S_{12}
S_1	0	0	1	1	0	1	0	1	1	0	0	1
S_2	0	0	1	0	0	0	0	1	0	0	0	0
S_3	0	0	0	0	0	1	1	1	0	1	0	0
S_4	1	0	1	0	0	0	0	1	0	1	0	0
S_5	0	0	0	0	0	1	0	0	0	1	0	0
S_6	0	0	1	0	0	0	0	1	1	0	0	0
S_7	0	0	0	0	0	1	0	1	1	0	0	0
S_8	0	0	0	0	0	1	1	0	1	0	0	0
S_9	0	0	0	0	0	0	0	0	0	0	0	0
S_{10}	0	0	0	0	0	0	0	0	1	0	1	1
S_{11}	0	0	0	0	0	0	0	0	1	1	0	1
S_{12}	0	0	0	0	0	0	0	0	1	0	0	0

3. 建立邻接矩阵 A

由表 8-20 所列因素关系表中确定的节能效益分享模式的节能服务公司各个风险元素之间的直接关系,可以建立邻接矩阵 A。

$$A = \begin{array}{c} \\ S_1 \\ S_2 \\ S_3 \\ S_4 \\ S_5 \\ S_6 \\ S_7 \\ S_8 \\ S_9 \\ S_{10} \\ S_{11} \\ S_{12} \end{array}
\begin{array}{cccccccccccc}
S_1 & S_2 & S_3 & S_4 & S_5 & S_6 & S_7 & S_8 & S_9 & S_{10} & S_{11} & S_{12} \\
\end{array}
\left[\begin{array}{cccccccccccc}
0 & 0 & 1 & 1 & 0 & 1 & 0 & 1 & 1 & 0 & 0 & 1 \\
0 & 0 & 1 & 0 & 0 & 0 & 0 & 1 & 0 & 0 & 0 & 0 \\
0 & 0 & 0 & 0 & 0 & 1 & 1 & 1 & 0 & 0 & 0 & 0 \\
1 & 0 & 1 & 0 & 0 & 0 & 0 & 1 & 0 & 1 & 0 & 0 \\
0 & 0 & 0 & 0 & 0 & 1 & 0 & 0 & 0 & 1 & 0 & 0 \\
0 & 0 & 1 & 0 & 0 & 0 & 0 & 1 & 1 & 0 & 0 & 0 \\
0 & 0 & 0 & 0 & 0 & 1 & 0 & 1 & 1 & 0 & 0 & 0 \\
0 & 0 & 0 & 0 & 0 & 1 & 1 & 0 & 1 & 0 & 0 & 0 \\
0 & 0 & 0 & 0 & 0 & 0 & 0 & 0 & 0 & 0 & 0 & 0 \\
0 & 0 & 0 & 0 & 0 & 0 & 0 & 0 & 1 & 0 & 1 & 1 \\
0 & 0 & 0 & 0 & 0 & 0 & 0 & 0 & 1 & 1 & 0 & 1 \\
0 & 0 & 0 & 0 & 0 & 0 & 0 & 0 & 1 & 0 & 0 & 0 \\
\end{array} \right]$$

4. 计算可达矩阵 M

对上述 12 维邻接矩阵 A，通过 MATLAB 编程计算，运用布尔矩阵代数的运算规则，求得 $(A+I) \neq (A+I)^2 \neq (A+I)^3 = (A+I)^4$，因此可达矩阵为 $M(A+I)^3$，即：

$$M = \begin{array}{c} \\ S_1 \\ S_2 \\ S_3 \\ S_4 \\ S_5 \\ S_6 \\ S_7 \\ S_8 \\ S_9 \\ S_{10} \\ S_{11} \\ S_{12} \end{array} \begin{array}{cccccccccccc} S_1 & S_2 & S_3 & S_4 & S_5 & S_6 & S_7 & S_8 & S_9 & S_{10} & S_{11} & S_{12} \\ \left[\begin{array}{cccccccccccc} 1 & 0 & 1 & 1 & 1 & 1 & 1 & 1 & 1 & 1 & 1 & 1 \\ 0 & 1 & 1 & 0 & 1 & 1 & 1 & 1 & 1 & 0 & 0 & 0 \\ 0 & 0 & 1 & 0 & 1 & 1 & 1 & 1 & 1 & 0 & 0 & 0 \\ 1 & 0 & 1 & 1 & 1 & 1 & 1 & 1 & 1 & 1 & 1 & 1 \\ 0 & 0 & 1 & 0 & 1 & 1 & 1 & 1 & 1 & 0 & 0 & 0 \\ 0 & 0 & 1 & 0 & 1 & 1 & 1 & 1 & 1 & 0 & 0 & 0 \\ 0 & 0 & 1 & 0 & 1 & 1 & 1 & 1 & 1 & 0 & 0 & 0 \\ 0 & 0 & 1 & 0 & 1 & 1 & 1 & 1 & 1 & 0 & 0 & 0 \\ 0 & 0 & 0 & 0 & 0 & 0 & 0 & 0 & 1 & 0 & 0 & 0 \\ 0 & 0 & 0 & 0 & 0 & 0 & 0 & 0 & 1 & 1 & 1 & 1 \\ 0 & 0 & 0 & 0 & 0 & 0 & 0 & 0 & 1 & 1 & 1 & 1 \\ 0 & 0 & 0 & 0 & 0 & 0 & 0 & 0 & 1 & 0 & 0 & 1 \end{array}\right] \end{array}$$

通过观察可以发现，可达矩阵 M 中存在 $S_{10}=S_{11}$，$S_3=S_5=S_6=S_7=S_8$，再对可达矩阵进行缩减，得到缩减后的可达矩阵 M'：

$$M' = \begin{array}{c} \\ S_1 \\ S_2 \\ S_3 \\ S_4 \\ S_9 \\ S_{10} \\ S_{12} \end{array} \begin{array}{ccccccc} S_1 & S_2 & S_3 & S_4 & S_9 & S_{10} & S_{12} \\ \left[\begin{array}{ccccccc} 1 & 0 & 1 & 1 & 1 & 1 & 1 \\ 0 & 1 & 1 & 0 & 1 & 0 & 0 \\ 0 & 0 & 1 & 0 & 1 & 0 & 0 \\ 1 & 0 & 1 & 1 & 1 & 1 & 1 \\ 0 & 0 & 0 & 0 & 1 & 0 & 0 \\ 0 & 0 & 0 & 0 & 1 & 1 & 1 \\ 0 & 0 & 0 & 0 & 1 & 0 & 1 \end{array}\right] \end{array}$$

5. 区域划分

为了对 M' 进行区域分解，计算系统中各要素的可达集合 $L(S_i)$ 和先行集合 $F(S_i)$，以及二者的共同集合 $T=L(S_i) \bigcap F(S_i)$，如表 8-21 所示。由表 8-21 可知，$L(S_i) \bigcap F(S_i) \neq \varnothing$，所以整个系统中所有要素位于同一区域 P 中。

表 8-21　可达集合、先行集合和共同集合

i	$L(S_i)$	$F(S_i)$	$L(S_i)\bigcap F(S_i)$
1	1,3,4,9,10,12	1,4	1,4
2	2,3,9	2	2
3	3,9	1,2,3,4	3
4	1,3,4,9,10,12	1,4	1,4
9	9	1,2,3,4,9,10,12	9
10	9,10,12	1,4,10	10
12	9,12	1,4,10,12	12

6.区域级间分解

依据表 8-22 进行区域级间分析。

(1)

$$L_1=\{L(S_i)\bigcap F(S_i)=L(S_i)\}=\{S_9\}$$

即最高级要素为 S_9,剩余要素为:

$$\{P-L_1\}=\{S_1,S_2,S_3,S_4,S_9,S_{10},S_{12}\}-\{S_9\}$$
$$=\{S_1,S_2,S_3,S_4,S_{10},S_{12}\}$$

计算剩余要素的可达集合、先行集合及共同集合,见表 8-22。

表 8-22　第二级可达集合、先行集合和共同集合

i	$L(S_i)$	$F(S_i)$	$L(S_i)\bigcap F(S_i)$
1	1,3,4,10,12	1,4	1,4
2	2,3	2	2
3	3	1,2,3,4	3
4	1,3,4,10,12	1,4	1,4
10	10,12	1,4,10	10
12	12	1,4,10,12	12

(2)

$$L_2=\{P-L_1\mid L(S_i)\bigcap F(S_i)=L(S_i)\}$$
$$=\{\{S_1,S_2,S_3,S_4,S_{10},S_{12}\}\mid L(S_i)\bigcap F(S_i)=L(S_i)\}$$
$$=\{S_3,S_{12}\}$$

即第二级要素为 S_3 和 S_{12},剩余要素为:

$$\{P-L_1-L_2\}=\{S_1,S_2,S_3,S_4,S_9,S_{10},S_{12}\}-\{S_9\}-\{S_3,S_{12}\}$$
$$=\{S_1,S_2,S_4,S_{10}\}$$

计算剩余要素的可达集合、先行集合及共同集合,见表 8-23。

表 8-23　第三级可达集合、先行集合和共同集合

i	$L(S_i)$	$F(S_i)$	$L(S_i)\bigcap F(S_i)$
1	1,4,10	1,4	1,4
2	2	2	2
4	1,4,10	1,4	1,4
10	10	1,4,10	10

(3)
$$L_3=\{P-L_1-L_2 \mid L(S_i)\bigcap F(S_i)=L(S_i)\}$$
$$=\{\{S_1,S_2,S_4,S_{10}\} \mid L(S_i)\bigcap F(S_i)=L(S_i)\}$$
$$=\{S_2,S_{10}\}$$

即第三级要素为 S_2 和 S_{10},剩余要素为:

$$\{P-L_1-L_2-L_3\}=\{S_1,S_2,S_3,S_4,S_9,S_{10},S_{12}\}-\{S_9\}-\{S_3,S_{12}\}-\{S_2,S_{10}\}$$
$$=\{S_1,S_4\}$$

计算剩余要素的可达集合、先行集合及共同集合,见表 8-24。

表 8-24　第四级可达集合、先行集合和共同集合

i	$L(S_i)$	$F(S_i)$	$L(S_i)\bigcap F(S_i)$
1	1,4	1,4	1,4
4	1,4	1,4	1,4

(4)
$$L_4=\{P_1-L_1-L_2-L_3 \mid L(S_i)\bigcap F(S_i)=L(S_i)\}$$
$$=\{\{S_1,S_4\} \mid L(S_i)\bigcap F(S_i)=L(S_i)\}$$
$$=\{S_1,S_4\}$$

即第四级要素为 S_1 和 S_4,剩余要素为:

$$\{P-L_1-L_2-L_3-L_4\}=\{S_1,S_2,S_3,S_4,S_9,S_{10},S_{12}\}-\{S_9\}-$$
$$\{S_3,S_{12}\}-\{S_2,S_{10}\}-\{S_1,S_4\}$$
$$=\varnothing$$

又因为在缩减矩阵 $\boldsymbol{M}'$ 中,S_{10} 和 S_{11} 被看作是同一个要素,而 S_3、S_5、S_6、S_7、S_8 也被看作是同一个要素,因此节能效益分享模式下节能服务公司风险因素的层次划分为: $L_1=\{S_9\}$,$L_2=\{S_3,S_5,S_6,S_7,S_8,S_{12}\}$,$L_3=\{S_2,S_{10},S_{11}\}$,$L_4=\{S_1,S_4\}$。

7.解释结构模型建立

根据以上划分,可以得到节能效益分享模式下节能服务公司的系统模型图,如图 8-4 所示。

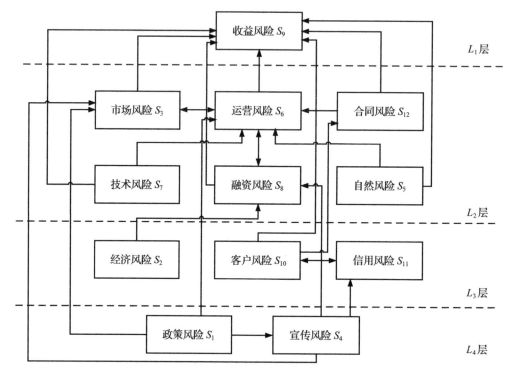

图 8-4 节能服务公司风险因素的解释结构模型

三、解释结构模型(ISM)分析结果

从图 8-4 中可以看出,采用 ISM 工具对节能服务公司风险因素进行分析,可将上述 12 个风险因素分为四个层次。这四个层次中的 12 个风险因素自下而上形成了风险传递链。按照在风险传递链中的不同位置,可以将 12 个风险因素分为最终风险因素(S_9)、源头风险因素(S_1,S_4)和过程风险因素(S_2,S_{10},S_{11},S_3,S_5,S_6,S_7,S_8,S_{12})。最终风险因素只有 1 个,就是收益风险;过程风险因素是源头风险因素向最终风险因素传递的中间环节,它们既能直接影响最终风险因素,也能通过上层的过程风险因素间接影响最终风险因素;源头风险因素是引起最终风险因素的根源。第 4 层的政策风险 S_1、宣传风险 S_4,第 3 层的经济风险 S_2、客户风险 S_{10}、信用风险 S_{11},第 2 层的市场风险 S_3、自然风险 S_5、运营风险 S_6、技术风险 S_7、融资风险 S_8、合同风险 S_{12},它们分别从不同方面影响着节能服务公司的最终风险,这些风险各自形成了不同的风险传递链,以不同路径对最终风险——收益风险 S_9 产生影响。

总之,从图 8-4 可以看出,节能效益分享模式下节能服务公司风险因素的不同层次和它们之间的相互作用,以及影响我国节能服务公司的最根本因素(L_4 层的风险因素)和最直接因素(L_2 层的风险因素)。

实例四　矿山安全问题分析

当前我国经济正处于快速发展时期,受经济水平和社会发展水平的制约,安全生产形势十分严峻,特别是矿山安全生产问题尤为突出。矿山安全生产不仅是保障企业生产的现实要求,也是保障国计民生的社会需求。矿山企业安全生产已成为全国关注的重大生产问题,提高安全生产水平的任务日益紧迫,安全管理的任务日益艰巨。提高煤矿安全管理水平,企业需要密切关注安全管理能力的影响因素,通过找出影响安全管理的核心因素,并探讨其组织系统,针对弱点开发有针对性的改进措施,最终提高矿山企业的安全管理水平。

以广东省某铅锌矿为例,需要对影响该矿的安全管理因素进行结构分析,矿山的生产条件复杂且组织结构复杂,进行安全管理尤其困难,由于其传统安全管理方式存在缺陷的核心因素之一就是没有厘清各个安全管理因素之间的复杂联系,而导致实施安全管理的方式找不到核心关注点,效果不佳。从矿山安全出发点进行逐步调查研究,找出其中错综复杂的安全因素之间的联系显得尤为重要,通过对其安全管理的因素进行核心分析,找出关键因素后进行有针对性的措施以提高他们的安全管理能力。为实现安全生产的目标,经深入调查研究发现,安全管理主要受以下因素影响:

首先是安全知识,安全知识是企业安全管理能力的构成要素,包括员工安全知识、设备与防护安全知识、环境安全知识和安全制度知识等;其次是安全管理能力,其中安全管理能力的影响因素又包括职工层次、班组层次、企业层次和环境层次的因素,如职工的安全素质、班组的安全建设、领导班子的重视、安全信息沟通等因素;最后影响安全管理的还有企业完善的安全管理组织机构、系统化的管理手段和方法、各级人员的责任心等影响因素。安全管理的具体影响因素见表8-25。影响矿山安全的因素有很多,那么如何才能科学地找出其核心因素呢?

表 8-25　安全管理的影响因素

序号	影响因素	符号
1	领导班子的重视程度	S_1
2	管理人员的安全素质	S_2
3	对安全管理的地位认识	S_3
4	系统化全过程综合管理的思想	S_4
5	管理手段、方法	S_5
6	安全管理组织机构的设置	S_6
7	安全主管机构的工作效率	S_7
8	各相关管理部门职责的明确性和协调性	S_8
9	安全管理制度与程序的健全程度	S_9

续表 8-25

序号	影响因素	符号
10	安全管理者参与高层管理的力度	S_{10}
11	管理部门检查监督的力度	S_{11}
12	人员配置的合理程度	S_{12}
13	培训	S_{13}
14	人员责任心	S_{14}
15	安全信息沟通与传递	S_{15}
16	安全管理体系的健全程度	S_{16}
17	安全管理能力	S_{17}

通过这些专家学者组成的 ISM 讨论小组来进行指标间的关系梳理调整。当专家对指标间影响强弱关系的结果判断不一时,便运用德尔菲法进行三轮意见征询,将反馈结果进行汇总整理,得到指标与指标间的相互强弱关系,最终形成稳定的指标间有向关系图,如图 8-5 所示。

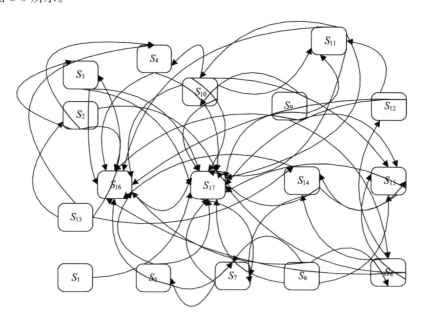

图 8-5 指标间有向关系图

一、确定系统要素的邻接矩阵与可达矩阵

根据图 8-5 所示的矿山安全各因素间的有向关系图得出邻接矩阵 A,其中 $a_{ij}=0$ 表示 S_i 与 S_j 之间是弱关系,$a_{ij}=1$ 表示 S_i 与 S_j 之间是强关系。

$$M=$$

	S_1	S_2	S_3	S_4	S_5	S_6	S_7	S_8	S_9	S_{10}	S_{11}	S_{12}	S_{13}	S_{14}	S_{15}	S_{16}	S_{17}
S_1	0	0	0	0	0	0	0	0	0	0	0	0	0	0	0	0	1
S_2	0	0	1	1	0	0	0	0	0	0	0	0	0	0	0	1	1
S_3	0	0	0	0	0	0	0	0	0	0	0	0	0	0	0	0	1
S_4	0	0	0	0	0	0	0	0	0	0	0	0	0	0	0	0	0
S_5	0	0	0	0	0	0	0	0	0	0	0	0	0	1	0	0	1
S_6	0	0	0	0	0	0	1	1	0	0	0	0	0	0	1	1	1
S_7	0	0	0	0	0	0	0	0	0	0	0	0	0	0	0	1	1
S_8	0	0	0	0	0	0	0	0	0	0	0	1	0	1	1	1	1
S_9	0	0	0	0	0	0	1	0	1	1	0	0	0	0	1	1	1
S_{10}	0	0	0	0	0	0	1	0	0	0	1	0	0	0	1	1	1
S_{11}	0	0	0	0	0	0	0	0	0	0	0	0	0	0	0	1	1
S_{12}	0	0	0	0	0	0	0	0	0	0	1	0	0	0	0	1	1
S_{13}	0	1	1	1	0	0	0	0	0	0	0	0	0	1	0	1	1
S_{14}	0	0	0	0	0	0	1	0	0	0	0	0	0	0	1	0	1
S_{15}	0	0	0	0	0	0	0	0	0	0	0	0	0	0	0	1	1
S_{16}	0	0	0	0	0	0	0	0	0	0	0	0	0	0	0	0	1
S_{17}	0	0	0	0	0	0	0	0	0	0	0	0	0	0	0	0	0

二、计算可达矩阵

邻接矩阵 A 与单位矩阵 I 相加,根据 $(A+I)^k = I+A+A^2+\cdots+A^k$ 进行乘方运算,当计算结果出现 $(A+I)^n = (A+I)^{n+1}$ 时停止运算,即可达矩阵表示为 $R=(A+I)^n$。

$$R=$$

	S_1	S_2	S_3	S_4	S_5	S_6	S_7	S_8	S_9	S_{10}	S_{11}	S_{12}	S_{13}	S_{14}	S_{15}	S_{16}	S_{17}
S_1	1	0	0	0	0	0	0	0	0	0	0	0	0	0	0	0	1
S_2	0	1	1	1	0	0	0	0	0	0	0	0	0	0	0	1	1
S_3	0	0	1	0	0	0	0	0	0	0	0	0	0	0	0	0	1
S_4	0	0	0	1	0	0	0	0	0	0	0	0	0	0	0	0	0
S_5	0	0	0	0	1	0	1	0	0	0	0	0	0	1	0	1	1
S_6	0	0	0	0	0	1	1	1	0	0	0	0	0	0	1	1	1
S_7	0	0	0	0	0	0	1	0	0	0	0	0	0	0	0	1	1
S_8	0	0	0	0	0	0	0	1	0	0	0	1	0	1	1	1	1
S_9	0	0	0	0	0	0	0	1	1	1	1	0	0	0	1	1	1
S_{10}	0	0	0	0	0	0	1	0	0	1	1	0	0	0	1	1	1
S_{11}	0	0	0	0	0	0	0	0	0	0	1	0	0	0	0	1	1
S_{12}	0	0	0	0	0	0	0	0	0	0	1	1	0	0	0	1	1
S_{13}	0	1	1	1	0	0	0	0	0	0	0	0	1	1	0	1	1
S_{14}	0	0	0	0	0	0	1	0	0	0	0	0	0	1	1	0	1
S_{15}	0	0	0	0	0	0	0	0	0	0	0	0	0	0	1	1	1
S_{16}	0	0	0	0	0	0	0	0	0	0	0	0	0	0	0	1	1
S_{17}	0	0	0	0	0	0	0	0	0	0	0	0	0	0	0	0	1

三、层级间划分

将可达矩阵 **R** 进行分解,计算各因素之间强弱关系,再根据式(8-1)、式(8-2)、式(8-3)来确定最高要素集。根据可达矩阵进行区域划分、级间划分和强连通块划分。级间划分的目的是将各因素分为不同等级,明确评价系统的层次结构。以表 8-26 和表 8-27 为例说明级间划分的求解过程。

$$\prod(X) = P_1, \cdots, P_m \tag{8-1}$$

$$R(S_i) \bigcap A(S_i) = R \tag{8-2}$$

$$H = \{S_i \in X \mid R(S_i) \bigcap A(S_i)\} \tag{8-3}$$

表 8-26 一级因素划分数据表

影响因素 S_i	可达集 $R(S_i)$	前因集 $A(S_i)$	$R(S_i) \bigcap A(S_i)$	$R(S_i) \bigcap A(S_i) = R$
S_1	1,17	1	1	
S_2	2,3,4,16,17	2,13	2	
S_3	3,17	2,3,13	3	
S_4	4,17	2,4,13	4	
S_5	5,7,16,17	5	5	
S_6	6,7,8,15,16,17	6	6	
S_7	7,6,17	5,6,7,10,14	7	
S_8	8,12,14,15,16,17	6,8,9	8	
S_9	8,9,10,11,15,16,17	9	9	
S_{10}	7,10,11,15,16,17	9,10	10	
S_{11}	11,16,17	9,10,11,12	11	
S_{12}	11,12,16,17	8,12	12	
S_{13}	2,3,4,13,14,16,17	13	13	
S_{14}	7,14,15,17	8,13,14	14	
S_{15}	15,16,17	6,8,9,10,14,15	15	
S_{16}	16,17	2,5,6,7,8,9,10,11,12,13,15,16	16	
S_{17}	17	1,2 …,17	17	17(H_1)

表 8-27 二级因素划分数据表

影响因素 S_i	可达集 $R(S_i)$	前因集 $A(S_i)$	$R(S_i)\bigcap A(S_i)$	$R(S_i)\bigcap A(S_i)=R$
S_1	1	1	1	$1(H_1)$
S_2	2,3,4,16	2,13	2	
S_3	3	2,3,13	3	$3(H_2)$
S_4	4	2,4,13	4	$4(H_2)$
S_5	5,7,16	5	5	
S_6	6,7,8,15,16	6	6	
S_7	7,16	5,6,7,10,14	7	
S_8	8,12,14,15,16	6,8,9	8	
S_9	8,9,10,11,15,16	9	9	
S_{10}	7,10,11,15,16	9,10	10	
S_{11}	11,16	9,10,11,12	11	
S_{12}	11,12,16	8,12	12	
S_{13}	2,3,4,13,14,16	13	13	
S_{14}	7,14,15	8,13,14	14	
S_{15}	15,16	6,8,9,10,14,15	15	

由表 8-26 可知,最高要素集合 $H_1=\{S_{17}\}$。由表 8-27 可知,二级要素集合 $H_2=\{S_1,S_3,S_4,S_{16}\}$。

同理可得:三级要素集合 $H_3=\{S_2,S_7,S_{11},S_{15}\}$;四级要素集合为 $H_4=\{S_5,S_{10},S_{12},S_{14}\}$;五级要素集合 $H_5=\{S_8,S_{13}\}$;六级要素集合 $H_6=\{S_6,S_9\}$。

四、建立结构模型和解释结构模型

根据级间排列的可达矩阵建立结构模型(图 8-6),并依照结构模型建立解释结构模型(图 8-7)。

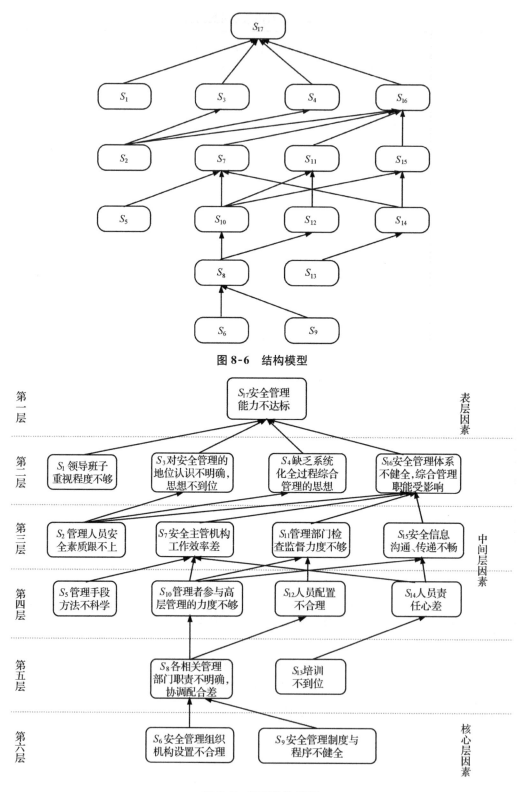

图 8-6 结构模型

图 8-7 解释结构模型

从图 8-7 中可以看出影响矿山安全的层级因素的关系结构。第一层是表层因素,是影响矿山安全最直接的因素。安全管理能力不达标会直接影响企业采矿作业生产安全。企业安全管理能力首先是一种企业能力,具有企业能力的属性,是企业在对安全生产进行管理的过程中积累的各种知识与技能。安全管理能力是由企业掌控的资源决定,企业拥有的资源及其组合情况形成了不同的安全管理能力。第二层到第五层是中间层因素,根据 ISM 方法的结构模型分析可知,这些因素是影响企业安全管理能力的主要因素,包括管理人员安全素质跟不上工作发展的需要,领导班子重视程度不够以及安全管理体系不健全、综合管理职能受影响。其中,安全管理体系不健全、综合管理职能受影响的主要原因如下:安全主管机构工作效率差,管理中心作用不突出;管理部门检查监督力度不够;安全信息沟通、传递不畅;人员责任心差;各相关管理部门职责不明确,协调配合差。通过以上分析可知:在矿山安全管理过程中,尽管有许多因素左右着安全管理能力,但总有几个主要因素起着举足轻重的作用。可以概括为:企业的管理人员具备良好的安全素质,企业各级人员对安全管理的地位认识明确,同时安全管理体系健全、科学。而要达到这三个目标,还需要扎扎实实做好许多其他的基础工作。例如,清晰明确地列出各部门的管理职责,给各级员工做好安全培训工作显得尤为重要。第六层是影响安全管理的核心层因素,是保证企业长治久安的根本性因素,只有确立了合理的安全管理的组织机构和合理的安全管理制度与程序才能从基础上提高安全管理能力。所以,就必须建立全面落实安全生产责任制,建立严密科学的安全生产责任体系。安全生产责任制是保障安全生产最基本、最重要的管理制度。只有明确各单位、各部门、各岗位的安全生产职责,分清责任、各尽其责,才能形成严密科学的安全生产责任体系。明确安全生产责任单位主要负责人在安全生产工作中居于全面领导和决策的地位。完善安全生产规章制度,促进安全生产管理规范化。没有规矩,不成方圆。在生产经营中涉及安全的各个单位、各个部门、各个岗位以及各个环节关系错综复杂,相互关联、相互制约,只有制订相应的安全生产规章制度和操作规程,并采取严格的管理措施,才能堵塞安全管理的漏洞,保证生产的有序进行。

案例五　武汉市水弹性评价模型研究

一、背景资料

近年来,城市内涝灾害频繁发生,不仅使城市交通、通信网络等系统瘫痪,严重影响城市居民的正常生活,而且还直接或间接地造成了人员的伤亡和巨大的经济损失。随着城市的硬化面积加大与快速发展带来的"热岛效应",城市内涝成为困扰我国 300 多个城市的"城市病"。城市的水弹性是指城市像海绵一样具有良好的弹性,可以灵活地适应不断变化的生态环境,而且当洪涝等自然灾害来临时能够有效应对,也就是当城市面临雨水天气时,能够对雨水进行有效调蓄和净化,其示意图见图 8-8。如果遭遇长时间的干旱少雨天气,可以将存储的雨水释放并在有需要时使用。水弹性主要期望凭借预先的城市管理、控制,借助建筑、湖泊、道路等将排他化为包容,以这些中介实现对过多雨水的收

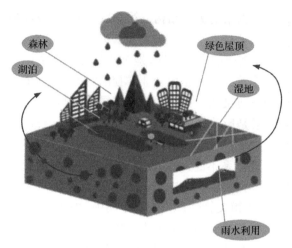

图 8-8　城市水弹性示意图

集、缓释,从而最大限度地减少城市内涝问题,水弹性观念以"自然蓄积、自然渗出"为宗旨,以解决雨季漫溢的水资源造成的困扰,这也是一种顺应自然的观点。

本案例在构建城市水弹性评价模型过程中,通过文献分析与实地调研,建立了武汉市的水弹性评价体系,并基于 DEMATEL 与 AHP 法建立数学模型,借助模型得到了评价体系中各个指标的重要度,为武汉市建立水弹性城市、减少城市内涝提供了解决方向。

二、研究方法

本案例选定城市水弹性评价指标,基于决策实验室方法(DEMATEL)对收集到的原始数据进行分析、计算后,得出武汉市水弹性评价体系中各个指标的原因度、中心度等数据,并画出因果分析图,以因果分析图为依据建立 AHP 评价体系,然后借助 YAAHP 软件计算得出评价体系中各个指标的权重,找出影响城市水弹性的重要指标(图 8-9),并根据这些指标提出改进城市水弹性的意见,从而更好地打造海绵城市。

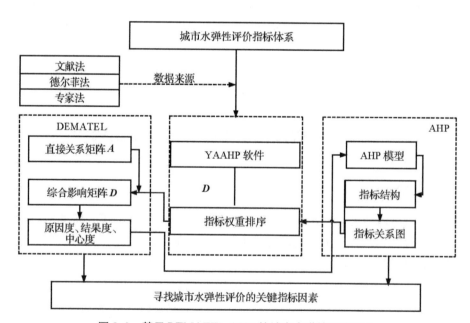

图 8-9　基于 DEMATEL-AHP 的城市水弹性评价方法

考虑城市水弹性评价指标建立的理论依据和指标选择的基本原则,通过实际调研与相关文献法,从水生态、水资源、水环境、水安全四个方面筛选出 14 个指标构建城市水弹性评价指标,见表 8-28。

表 8-28 城市水弹性评价指标

目标层	准则层	指标层	指标性质
城市水弹性评价 指标体系 W	水生态指标 A_1	城市年径流总量控制率 X_1	正
		建成区水面率 X_2	正
		建成区绿地率 X_3	正
		城市热岛值 X_4	负
	水资源指标 A_2	再生水利用率 X_5	正
		雨水资源利用率 X_6	正
		水资源满足程度 X_7	正
	水环境指标 A_3	地表水Ⅲ类及以上水体比率 X_8	正
		地下水Ⅲ类及以上水体比率 X_9	正
		非点源污染控制率 X_{10}	正
		地下水超采率 X_{11}	负
	水安全指标 A_4	饮用水源水质达标率 X_{12}	正
		人均管网基数 X_{13}	负
		管网漏损率 X_{14}	正

1. 基于 DEMATEL 方法的评价指标影响分析

(1)计算直接关系矩阵。邀请 5 个涉及城市建设方面工作的企业参与,再从每个企业选出 5 名专家组成一个 25 名专家构成的专家组。每名专家根据自己的工作经验或相关知识进行打分,采用 0~4 的数值判断指标集之间的影响关系,构造直接关系矩阵 A:

$$A = \begin{bmatrix} a_{11} & \cdots & a_{1n} \\ \vdots & \ddots & \vdots \\ a_{n1} & \cdots & a_{nn} \end{bmatrix}$$

(2)计算规范化直接关系矩阵 B。对矩阵 A 进行标准化处理,可得到直接关系矩阵 B:

$$B = \frac{A}{\max \sum_{j=1}^{n} a_{ij}}$$

(3)计算综合影响矩阵 D:

$$D = B + B^2 + \cdots + B^n = B(I-B)^{-1} = (c_{ij})_{n \times n}$$

(4)计算因素间的影响度、被影响度以及中心度和原因度并构造因果图：

$$x_i = \sum_{j=1}^{n} c_{ij} + \sum_{i=1}^{n} c_{ij}$$

$$y_i = \sum_{j=1}^{n} c_{ij} - \sum_{i=1}^{n} c_{ij}$$

2. 基于 AHP 计算指标权重

通过前文中 DEMATEL 法得到各指标的中心度、原因度等数据后，通过层次分析法进一步计算得出各指标的权重，计算过程如下：

(1)构造城市水弹性评价体系。通过实际调研以及相关文献，在表 8-28 的基础上，建立图 8-10 所示的城市水弹性评价模型。

图 8-10 城市水弹性评价模型

(2)在评价模型的基础上，基于德尔菲法，运用 YAAHP 软件构造判断矩阵计算权重，并按照下列公式进行一致性检验，CR 小于 0.1 则通过一致性检验，进而确定城市水弹性各指标的相对权重。

$$CR = \frac{CI}{RI} < 0.1$$

三、武汉市水弹性评价模型

本案例考虑武汉市城市水弹性建设评价指标建立的理论依据和指标选择的基本原则,结合武汉市城市特点,通过实际调研与查阅相关文献,基于德尔菲法与专家调查法,寻找指标间的相互关系,具体分析过程如下:

(1)通过 DEMATEL 法,基于专家组讨论后得出的初始评价值构造初始影响矩阵,并经进一步分析、计算后得出综合影响矩阵。综合影响矩阵如表 8-29 所示。

表 8-29　综合影响矩阵

指标	X_1	X_2	X_3	X_4	X_5	X_6	X_7	X_8	X_9	X_{10}	X_{11}	X_{12}	X_{13}	X_{14}
X_1	0.1167	0.0694	0.1696	0.1162	0.3677	0.4448	0.1661	0.1741	0.1695	0.0684	0.0786	0.0873	0.1327	0.0780
X_2	0.0383	0.1069	0.1516	0.0995	0.2603	0.2680	0.1384	0.0807	0.0390	0.1102	0.0476	0.0175	0.1025	0.0547
X_3	0.0531	0.1077	0.0551	0.1025	0.2167	0.3159	0.1397	0.1956	0.0940	0.0519	0.1055	0.0158	0.1072	0.11564
X_4	0.1538	0.1013	0.0707	0.0955	0.1091	0.2565	0.2427	0.1385	0.0587	0.1061	0.0295	0.0154	0.1056	0.0506
X_5	0.0487	0.0438	0.0432	0.0855	0.0860	0.2960	0.1666	0.1298	0.0421	0.0987	0.1443	0.0667	0.0353	0.1027
X_6	0.0176	0.0794	0.0238	0.0195	0.1024	0.1195	0.0335	0.0842	0.0132	0.0796	0.0196	0.0070	0.0756	0.0254
X_7	0.0313	0.0392	0.1509	0.0350	0.0865	0.1652	0.1076	0.1799	0.1501	0.0843	0.0388	0.0069	0.0424	0.1082
X_8	0.0354	0.0285	0.1430	0.0869	0.0622	0.0921	0.1075	0.1159	0.0314	0.0222	0.0835	0.0057	0.0264	0.0936
X_9	0.0465	0.0969	0.0282	0.0311	0.2047	0.2268	0.0576	0.0527	0.0803	0.0363	0.0932	0.0147	0.1523	0.1003
X_{10}	0.0239	0.0892	0.0213	0.0227	0.1255	0.2538	0.0361	0.0423	0.0738	0.0898	0.0233	0.0087	0.0328	0.0850
X_{11}	0.0906	0.0980	0.0326	0.0307	0.1531	0.3459	0.0478	0.0575	0.0845	0.0397	0.0879	0.0143	0.0451	0.0911
X_{12}	0.1455	0.0254	0.0367	0.03185	0.1897	0.1787	0.0502	0.1097	0.0325	0.0280	0.0962	0.0785	0.0284	0.0336
X_{13}	0.1541	0.0826	0.0468	0.0382	0.2076	0.1224	0.1213	0.0631	0.0391	0.0336	0.0344	0.0212	0.0895	0.0962
X_{14}	0.2207	0.0316	0.0674	0.1123	0.2753	0.1664	0.1508	0.2036	0.0533	0.0433	0.0532	0.0291	0.0414	0.1111

(2)根据综合影响关系矩阵,得到各评价指标间的相互关系,计算出指标的影响度、被影响度、中心度和原因度,并对其进行排序,如表 8-30 所示。从表 8-30 来看,雨水资源利用率的中心度最大,其次是再生水利用率,说明在武汉市水弹性评价中,雨水资源利用率是影响武汉市水弹性评价的主要要素。影响武汉市水弹性评价的原因要素重要程度由大到小依次为:城市年径流总量控制率 X_1,饮用水源水质达标率 X_{12},建成区绿地率 X_3,城市热岛值 X_4,建成区水面率 X_2,管网漏损率 X_{14},地下水超采率 X_{11},地下水Ⅲ类及以上水体比率 X_9,人均管网基数 X_{13} 和非点源污染控制率 X_{10}。这几个因素对其他影响因素存在着较大的影响,同时也是相对难以改变的因素。影响武汉市水弹性评价的结果要素由大到小依次为:雨水资源利用率 X_6,再生水利用率 X_5,地表水Ⅲ类及以上水体

比率 X_8 和水资源满足程度 X_7。这几个因素受其他因素的影响较大。

表 8-30　DEMATEL 模型计算结果

指标	影响度	排序	被影响度	排序	中心度	排序	原因度	排序
X_1	2.239	1	1.177	5	3.416	3	1.062	1
X_2	1.516	5	1.001	9	2.517	8	0.515	5
X_3	1.677	2	1.041	7	2.718	5	0.636	3
X_4	1.535	4	0.908	12	2.443	9	0.627	4
X_5	1.39	6	2.447	2	3.837	2	−1.057	13
X_6	0.701	14	3.253	1	3.954	1	−2.552	14
X_7	1.227	7	1.567	4	2.794	4	−0.34	11
X_8	0.935	12	1.628	3	2.563	7	−0.693	12
X_9	1.222	8	0.962	10	2.184	10	0.26	8
X_{10}	0.928	13	0.893	13	1.821	13	0.035	10
X_{11}	1.219	9	0.936	11	2.155	12	0.283	7
X_{12}	1.066	11	0.389	14	1.455	14	0.677	2
X_{13}	1.151	10	1.018	8	2.169	11	0.133	9
X_{14}	1.56	3	1.147	6	2.707	6	0.413	6

由图 8-11 所示因果分析图可知,城市年径流控制总量对武汉市城市水弹性具有显著的直接影响,影响着城市水弹性的发挥,而地下水超采率对城市水弹性评价具有负向直接影响;管网漏损率对其他因素的影响也较大,仅次于地下水超采率的影响。

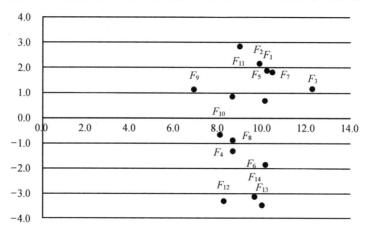

图 8-11　因果分析图

（3）基于 YAAHP 软件构造判断矩阵并计算，进行一致性检验。基于前文的层次分析过程，分析后可以得到武汉市水弹性评价体系，具体指标及对应权重见表 8-31。由表 8-31 可知，在目标层下水生态、水资源、水环境、水安全四个准则层的权重分别为 0.193、0.552、0.179、0.076，其中水资源准则层所占权重最大，说明其对武汉市水弹性建设尤为重要，水生态、水环境、水安全重要性依次递减。在水生态准则层中，城市年径流总量控制率的权重最大，为 0.108；在水资源准则层中，雨水资源利用率的权重最大，为 0.345，说明雨水资源利用率对武汉市水弹性评价至关重要；在水环境准则层中，地表水Ⅲ类及以上水体比率和地下水Ⅲ类及以上水体比率同等重要，权重均占 0.073；在水安全准则层中，饮用水源水质达标率的权重最大，为 0.049，因为其直接反映了武汉市城市居民饮用水的安全保障程度，对武汉市城市水弹性建设发挥着重要作用。

表 8-31　武汉市水弹性评价模型

一级指标	权重	二级指标	权重
水生态评价指标 A_1	0.193	城市年径流总量控制率 X_1	0.108
		建成区水面率 X_2	0.039
		建成区绿地率 X_3	0.033
		城市热岛值 X_4	0.013
水资源评价指标 A_2	0.552	再生水利用率 X_5	0.132
		雨水资源利用率 X_6	0.345
		水资源满足程度 X_7	0.075
水环境评价指标 A_3	0.179	地表水Ⅲ类及以上水体比率 X_8	0.073
		地下水Ⅲ类及以上水体比率 X_9	0.073
		非点源污染控制率 X_{10}	0.009
		地下水超采率 X_{11}	0.024
水安全评价指标 A_4	0.076	饮用水源水质达标率 X_{12}	0.017
		人均管网基数 X_{13}	0.049
		管网漏损率 X_{14}	0.010

（4）基于表 8-31，建立武汉市城市水弹性评价模型，如图 8-12 所示。由图 8-12 可知，雨水资源利用率、再生水利用率、城市年径流总量控制率、水资源满足程度这四项指标所占权重较大，其中雨水资源利用率所占权重最大。

考虑城市水弹性建设的核心理念是，解决城市硬化、现代化程度日益加快的当下，所并发的城市内涝、水污染等问题，因此，合理的"蓄"与"排"对于增加再生雨水利用率有着重大影响，采取有效的雨水资源化利用措施，例如雨水截污入渗、屋面雨水集蓄等方式，修建大量的雨水调蓄池贮存雨水，发挥雨水综合利用和调蓄雨洪的作用，这就让每一块土地都可以发挥储蓄雨水的作用，可大大减小排水管道所承担的压力，很大程度上遵循了水循环的自然规律，从而有效缓解城市内涝等问题。这也充分说明城市水弹性建设的

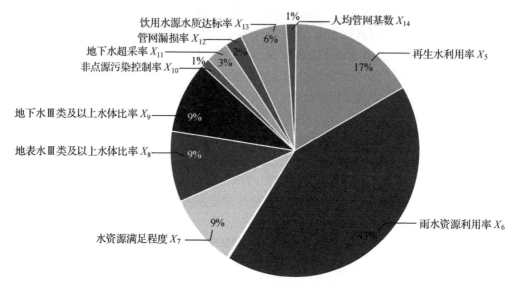

图 8-12　武汉市水弹性评价模型

首要任务是提高雨水资源利用率。

有一种潜在水源一定程度上可以视为可靠的供水来源,那就是城市污水包括径流污水等类型,因此城市污水的再加工与利用也是缓解城市缺水问题的好方法。污水再生利用能有效缓解城市内涝和治理污水问题,有力保障城市居民的生活环境。故再生水利用率也是城市水弹性建设的一个重要指标。

在武汉市水弹性建设全过程中,"渗""蓄""净""用"一直是贯穿始终的四个关键词,而城市年径流总量控制率也突出了这四个关键词。城市年径流总量控制率越大,说明该城市面临的雨涝危机越小,所以以提高城市年径流总量控制率对推动城市水弹性建设起着重要作用。城市蓄水能力与持续供给能力很大程度上由水资源的满足程度体现出来,这也是水弹性城市建设的重要评价指标之一。

四、案例结论

本案例根据实地考察与文献分析,结合专家组的意见构造出了武汉市水弹性评价模型,并借助 DEMATEL-AHP 构造出了评价该指标体系的数学模型,在 DEMATEL 方法获得的原因度、中心度等数据的基础上,采用 YAAHP 软件获得对应权重,其排序结果符合武汉市水弹性城市建设的实际。基于 DEMATEL-AHP 方法确定了影响武汉市水弹性的主要影响因素,分别为雨水资源利用率、再生水利用率、城市年径流总量控制率和水资源满足程度,该模型贴合实际地表达出了武汉市水弹性发展现状。本案例建立的数学模型为武汉市城市水弹性建设提供了更加科学合理的依据,也为其他城市水弹性建设提供了一定的参考价值。

思 考 题

(1)物流是保证一个省、市各项功能正常运转的重要基础,而电商与共享经济的进一步发展,使得物流的重要性逐渐加大,同时,物流业的发展对本地经济也有着重大意义,物流的专业化、社会化刺激了各个行业对于物流需求的增长。同时,湖北省近些年经济的稳步发展使得物流需求的规模也随之悄然发生转变,原有的物流服务供给与物流服务需求愈发不稳定,从而不能对物流需求进行有效评估。因此,可采用主成分分析方法通过少数几个主成分来揭示多个变量间的内部结构,分析得出货运量(Y)自变量与农业总产值(X_1)、工业总产值(X_2)、消费品零售额(X_3)、居民消费水平(X_4)、进出口总额(X_5)、社会固定资产投资额(X_6)、居民消费价格指数(X_7)七个因变量密切相关。原始数据见表 8-32。

表 8-32 原始数据

年份	Y	X_1	X_2	X_3	X_4	X_5	X_6	X_7
2000	39009	1125.64	106.47	1789.4	2680	3222860	1339.2	99
2001	41764	1172.82	134.49	1975.2	2962	3577130	1486.55	100.3
2002	38944	1203.3	175.6	2198.4	3263	3953140	1605.06	99.6
2003	41261	1342.09	194.4	2358.7	3853	5109300	1809.45	102.2
2004	43879	1695.44	270.98	2667.5	4309	6765809	2264.81	104.9
2005	46766	1775.58	371.84	2985.9	4883	9054752	2676.58	102.9
2006	49305	1842.2	454	3461.1	5480	11762194	3343.47	101.6
2007	54909	2281.21	647.85	4115.8	6513	14868954	4330.36	104.8
2008	71900	2900.59	909.03	5109.7	7399	20705670	5647.01	106.3
2009	78984	2924.66	1092.47	5928.4	7791	17251015	7866.89	99.6
2010	93422	3407.64	1668.55	7014.4	8977	25932110	10262.7	102.9
2011	106913	4110.16	1866.26	8363.3	10873	33586935	12557.34	105.8
2012	122945	4542.16	2046.28	9682.4	12283	31963750	15578.3	102.9
2013	131000	4920.13	2475.07	11035.9	13912	36380076	19307.33	102.8
2014	150762	5162.94	2402.63	12449.3	15762	43039619	22915.3	102
2015	153904	5387.13	2456	14003.2	17429	45552580	26563.9	101.5
2016	162460	5863.98	2713.46	15649.2	19391	39388773	30011.65	102.2
2017	188107	6129.72	2608.03	17394.1	21642	46337190	32282.36	101.5
2018	204307	6207.83	2755.4	18333.6	23356	52781547	34213.5	101.9
2019	188133	6681.85	2867.8	20224.2	25311	57145724	35212.3	103.1

①根据上述数据,对七个因变量进行相关性检验。

②根据上述数据,进行主成分分析。

③根据主成分分析结果绘制碎石图。

(2)随着我国经济不断发展,国家对于危险品的安全要求也随之提高,社会群众的安全意识也越来越高。对于油气田企业来说,由于生产环境、生产区域等复杂因素,生产过程若不严加注意,便可能产生安全隐患,为了降低事故发生率和损失,采取应急管理措施是十分重要的。根据全世界的管理现状和研究经验,并综合考虑专家意见构造出多层级评价指标,见表 8-33。

表 8-33   油气田企业应急能力评估的多层级指标

目标层	准则层	方案层
应急能力 U	危险识别控制 U_1	危险识别 u_{11}
		风险分析 u_{12}
		危险源监控 u_{13}
		事故监测预警 u_{14}
	应急准备 U_2	组织机构与职责 u_{21}
		应急预案 u_{22}
		教育培训 u_{23}
		应急演练 u_{24}
	应急保障 U_3	信息通信保障 u_{31}
		物资装备保障 u_{32}
		人力资源保障 u_{33}
		资金保障 u_{34}
	响应处置 U_4	指挥与协调 u_{41}
		医疗救护 u_{42}
		消防及抢险 u_{43}
		警戒疏散 u_{44}
		应急资源调配 u_{45}
		媒体信息应对 u_{46}
	应急恢复 U_5	现场清理 u_{51}
		善后处理 u_{52}
		恢复重建 u_{53}
		事故调查 u_{54}

根据油气田生产经营情况,邀请 10 位专家对各项指标进行打分,详见表 8-34 至表 8-39。

表 8-34 应急能力指标 U 的专家打分情况

	U_1	U_2	U_3	U_4	U_5
U_1	1	1/4	1/4	1/6	1/2
U_2	4	1	1/2	1/3	2
U_3	4	2	1	1/3	3
U_4	6	3	3	1	3
U_5	2	1/3	1/3	1/3	1

表 8-35 危险识别控制指标 U_1 的专家打分情况

	u_{11}	u_{12}	u_{13}	u_{14}
u_{11}	1	1/3	1/2	1/4
u_{12}	3	1	2	1/2
u_{13}	2	1/2	1	1/2
u_{14}	4	2	2	1

表 8-36 应急准备指标 U_2 的专家打分情况

	u_{21}	u_{22}	u_{23}	u_{24}
u_{21}	1	1/3	1/6	1/4
u_{22}	3	1	1/5	1/7
u_{23}	6	5	1	3
u_{24}	4	7	1/3	1

表 8-37 应急保障指标 U_3 的专家打分情况

	u_{31}	u_{32}	u_{33}	u_{34}
u_{31}	1	1	1/3	1/5
u_{32}	1	1	1/3	1/5
u_{33}	3	3	1	1/2
u_{34}	5	5	2	1

表 8-38 响应处置指标 U_4 的专家打分情况

	u_{41}	u_{42}	u_{43}	u_{44}	u_{45}	u_{46}
u_{41}	1	6	2	2	3	4
u_{42}	1/6	1	1/3	1/3	1/2	1/3
u_{43}	1/2	3	1	2	3	5
u_{44}	1/2	3	1/2	1	2	6
u_{45}	1/3	2	1/3	1/2	1	3
u_{46}	1/4	3	1/5	1/6	1/3	1

表 8-39　应急恢复指标 U_5 的专家打分情况

	u_{51}	u_{52}	u_{53}	u_{54}
u_{51}	1	4	6	1/4
u_{52}	1/4	1	2	1/5
u_{53}	1/6	1/2	1	1/7
u_{54}	4	5	7	1

①根据上述专家打分情况,求出各个指标对应的一致性检验结果及其权重。

②由 10 位应急管理、安全咨询方面的专家打分,给出所有二级指标隶属度构成的隶属度矩阵,见表 8-40,同时,评语等级与分值对照表见表 8-41,请根据题①的指标权重综合分析该油气田的应急能力水平。

表 8-40　某油气田企业应急能力评估统计表

二级指标	评估集				
	很好	较好	一般	较差	很差
u_{11}	0.3	0.4	0.3	0	0
u_{12}	0	0.3	0.5	0.2	0
u_{13}	0.2	0.3	0.4	0.1	0
u_{14}	0	0.1	0.3	0.4	0.2
u_{21}	0.3	0.3	0.4	0	0
u_{22}	0.3	0.4	0.3	0	0
u_{23}	0.1	0.3	0.4	0.2	0
u_{24}	0	0.4	0.3	0.1	0.2
u_{31}	0.1	0.2	0.5	0.2	0
u_{32}	0	0.3	0.3	0.3	0.1
u_{33}	0.2	0.5	0.3	0	0
u_{34}	0.2	0.4	0.4	0	0
u_{41}	0.2	0.4	0.4	0	0
u_{42}	0	0.3	0.4	0.3	0
u_{43}	0.5	0.4	0.1	0	0
u_{44}	0	0.3	0.5	0.2	0
u_{45}	0.1	0.4	0.3	0.2	0
u_{46}	0	0.1	0.5	0.3	0.1
u_{51}	0.3	0.4	0.3	0	0
u_{52}	0.1	0.4	0.3	0.2	0
u_{53}	0	0.3	0.4	0.3	0
u_{54}	0.3	0.6	0.1	0	0

表 8-41 评语等级与分值对照

评级等级	分值区间
很好	[90,100]
较好	[80,90]
一般	[70,80]
较差	[60,70]
很差	[0,60]

（3）目前，物流业是我国经济发展的"第三利润源"，是支撑其他产业发展的综合性服务产业。现代物流通过对各个领域的综合管理，将物品在供应和接收两地之间的物流活动过程中的每个环节有机结合起来，进而形成一个协调、有序的整体系统，实现物流业的高效率和高效益。企业在激烈的市场竞争中保持竞争优势的一个基础是，在运作中实施低成本战略，即能够最大限度地降低企业的物流成本。物流业低成本发展的影响因素研究至关重要，也引起了更为广泛的关注。

通过文献调研并进行了总结归纳，凝练出影响物流业低成本发展的 12 个主要因素，详见表 8-42。

表 8-42 物流业成本主要影响因素

序号	符号	影响因素	说　明
1	S_1	信息化程度	对信息进行采集、分类、传递等的水平
2	S_2	物流技术	物流活动中采用的理论、设施设备等
3	S_3	物流活动	物流功能的实施与管理过程
4	S_4	物流业管理水平	对物流过程中的活动监控与分析的水平
5	S_5	国家政策法规	国家出台的对物流业相关活动的支持
6	S_6	物流人才	使用信息化和标准化物流技术的物流人才
7	S_7	物流设施设备	物流活动实施与运作的依托
8	S_8	物流业环保意识	物流活动过程中对环境保护的认知
9	S_9	国家经济状况	国家经济发展水平、经济增长模式等
10	S_{10}	物流企业选址	物流园区的规划与建设
11	S_{11}	物流成本管理意识	有意识地通过物流成本控制减少经营成本
12	S_{12}	物流成本核算方式	形成单独的物流成本目标

经过调研和资料收集，要素间的二元关系为(S_2,S_1)（即 S_2 影响 S_1），(S_3,S_1)，(S_4,S_1)，(S_5,S_6)，(S_5,S_7)，(S_5,S_8)，(S_6,S_2)，(S_6,S_3)，(S_6,S_4)，(S_6,S_{12})，(S_7,S_2)，(S_7,S_3)，(S_7,S_4)，(S_7,S_{10})，(S_7,S_{12})，(S_8,S_2)，(S_8,S_3)，(S_8,S_4)，(S_8,S_{10})，$(S_9,$

142

S_6),(S_9,S_7),(S_9,S_8),(S_{11},S_6),(S_{11},S_6),(S_{11},S_7),(S_{11},S_8),(S_{12},S_1)。

根据要素二元关系,确定邻接矩阵,计算可达矩阵后列出可达集、先行集及其共同集,并划分层次关系。

(4)据统计,中国建筑能耗的占比达到全部能源消耗的 27% 以上,而且每年都会上涨 1%。为应对能源危机,缓解建筑能源消耗问题,对影响绿色建筑能耗的因素进行分析具有十分重要的意义。影响绿色建筑能耗的因素有许多,为了对主要影响因素进行详细分析,研究近十年绿色建筑的相关文献发现主要的影响因素,见表 8-43。

表 8-43 影响绿色建筑能耗的关键因素

序号	影响因素	S_i
1	建筑朝向和形状	S_1
2	墙体围护结构	S_2
3	窗户隔热和遮阳	S_3
4	建筑节能政策	S_4
5	人的行为	S_5
6	气候因素	S_6

创立 ISM 讨论小组,小组成员有建筑与土木工程专业教授 4 名和从事建筑行业超过十年的管理者 6 名,经专家研究讨论,最终确定了这 6 个影响因素之间的逻辑关系,见表 8-44,其中数值 0 和 1 表示 S_i 与 S_j 之间的关联性。若 S_j 对 S_i 有影响,记为 1;若 S_j 对 S_i 没有影响,记为 0。当两个因素之间互相影响时,考虑影响较大的一方。相同因素之间不需要描述直接关系,因此其相互关联性直接记为 1。

表 8-44 绿色建筑能耗影响因素逻辑关系矩阵表

因素	建筑朝向和形状 S_1	墙体围护结构 S_2	窗户隔热和遮阳 S_3	建筑节能政策 S_4	人的行为 S_5	气候因素 S_6
建筑朝向和形状 S_1	1	1	0	0	0	0
墙体围护结构 S_2	1	1	1	0	0	0
窗户隔热和遮阳 S_3	0	0	0	0	0	0
建筑节能政策 S_4	1	1	1	1	1	0
人的行为 S_5	0	0	0	0	1	0
气候因素 S_6	1	1	1	1	1	1

试利用 ISM 方法对影响绿色建筑能耗的因素划分层次。

参 考 文 献

[1] 汪应洛. 系统工程[M]. 西安:西安交通大学出版社,2010.

[2] 王新平. 管理系统工程方法论及建模[M]. 北京:机械工业出版社,2011.

[3] 周德群. 系统工程方法与应用[M]. 北京:电子工业出版社,2015.

[4] 汪应洛. 系统工程理论、方法与应用[M]. 2版. 北京:高等教育出版社,1998.

[5] GABUS A, FONTELA E. World problems, an invitation to further thought within the framework of DEMATEL [R]. Geneva:Battelle Geneva Research Center,1972.

[6] 辛岭,任爱胜. 基于DEMATEL方法的农产品质量安全影响因素分析[J]. 科技与经济,2009,22(04):65-68.

[7] 王坚强. 模糊多准则决策方法研究综述[J]. 控制与决策,2008(6):601-606.

[8] 王曼娟. 基于主成分分析法的农业上市公司财务风险评价[J]. 商场现代化,2020,(9):175-176.

[9] 保丽红. 主成分分析与线性判别分析降维比较[J]. 统计学与应用,2020,9(1):47-52.

[10] 林雄,李宏祥,张亚男,等. 主成分分析法综合评价采收成熟度对金兰柚贮藏特性的影响[J]. 食品与发酵工业,2020,46(9):217-224.

[11] 肖颖涛,王化全,俞海峰,等. 基于主成分分析法和模糊综合评价法的配电网评估[J]. 南方能源建设,2019,6(3):105-112.

[12] 李虹宇,邢宏霖. 基于主成分分析的浏阳河水质模糊综合评价[J]. 湖南农业科学,2019,(8):56-60.

[13] 谢飞,刘明,聂青. 基于ISM-ANP-Fuzzy的城市轨道交通PPP项目界面风险评价[J]. 土木工程与管理学报,2018,35(3):167-172,191.

[14] 鲁瑜亮,刘炽义,段青,等. 基于层次分析法和模糊综合评价法的智慧能源评价系统的设计与实现[J]. 计算机科学与应用,2019,9(12):2283-2292.

[15] 樊冰婕,许开立,徐晓虎,等. 基于AHP-模糊综合评价集成法的氧枪系统综合安全评价[J]. 工业安全与环保,2020,46(6):11-14.

[16] 刘伟军,张千彧,高翔宁,等. 基于模糊层次分析法的医疗装备综合效益评价方法体系的研究与构建[J]. 中国医学装备,2020,17(6):133-138.

[17] 仝棠薇. 基于模糊层次分析法的智慧仓储系统综合评价研究[J]. 福建质量管理,2020,(13):29.

[18] 张舒,史秀志,古德生,等. 基于ISM和AHP以及模糊评判的矿山安全管理能力分析与评价[J]. 中南大学学报:自然科学版,2011,42(8):2406-2416.